《苜蓿青贮高效生产利用技术》

编委会

主　　编　刘连贵

副 主 编　刘海良　赵连生　马　露

参编人员（按照姓氏笔画排序）

卜登攀　曲永利　吕会刚

杨正楠　杨伟光　何　举

陈　亮　单丽燕　郭旭生

粟胜兰

• 粮改饲技术系列丛书 •

苜蓿青贮高效生产利用技术

◎ 中国饲料工业协会 编

中国农业科学技术出版社

图书在版编目（CIP）数据

苜蓿青贮高效生产利用技术 / 中国饲料工业协会编. —北京：
中国农业科学技术出版社，2018.12

ISBN 978-7-5116-3919-6

Ⅰ.①苜… Ⅱ.①中… Ⅲ.①紫花苜蓿—栽培技术 Ⅳ.①S551

中国版本图书馆 CIP 数据核字（2018）第 258126 号

责任编辑　崔改泵　金　迪
责任校对　贾海霞
出 版 者　中国农业科学技术出版社
　　　　　北京市中关村南大街12号　　邮编：100081
电　　话　（010）82109708（编辑室）　（010）82109702（发行部）
　　　　　（010）82109709（读者服务部）
传　　真　（010）82106650
网　　址　http:// www.castp.cn
经 销 者　各地新华书店
印 刷 者　北京地大天成印务有限公司
开　　本　787mm×1 092mm　1/16
印　　张　9
字　　数　187千字
版　　次　2018年12月第1版　　2019年1月第2次印刷
定　　价　46.00元

前　言

　　通常所说的"苜蓿"，是指紫花苜蓿。紫花苜蓿是一种多年生豆科植物，作为一种优质豆科牧草，因其产量高、品质好而被广泛种植。随着国家深化农业供给侧结构改革、种植结构调整、"粮改饲"等政策出台，以苜蓿为主的优质草产品产业发展前景良好。2016年年末，全国紫花苜蓿保留面积437.47万公顷，其中农区年末紫花苜蓿保留面积288.13万公顷，全国苜蓿干草总产量3 021.3万吨，苜蓿青贮量162.8万吨。2016年全国苜蓿商品草生产面积45.17万公顷，产量379.84万吨。优质苜蓿种植区域主要分布在甘肃、内蒙古自治区（全书简称内蒙古）、新疆维吾尔自治区（全书简称新疆）、宁夏回族自治区（全书简称宁夏）、黑龙江、河北等6省（自治区），6省种植面积之和占全国的78.61%，形成甘肃河西走廊、内蒙古科尔沁草地、宁夏河套灌区等一批优质苜蓿种植基地。苜蓿产品有苜蓿草捆、青贮苜蓿、苜蓿颗粒、草块等多种草产品，年产值达40多亿元。

　　我国苜蓿产业起步晚、基础差，苜蓿产业还面临三个问题，一是产不足需。2015年仅奶牛用优质苜蓿的缺口就有130多万吨，按照产业正常发展，到2020年优质苜蓿总供给量为510万吨，其中国产360万吨、进口150万吨，相对于690万吨的需求，缺口将达180万吨。二是质量水平不高。受收获加工、储存运输、质量检测等设施设备不完善的影响，与发达国家相比，国产苜蓿的粗蛋白含量较低、相对饲喂价值不高、产品质量不稳定。三是产业化程度较低。龙头企业较少，全国年产1万吨以上的苜蓿草业企业只有50家，大多数生产规模小、机械化装备水平低、管理水平不高。2016年全国商品苜蓿种植面积仅占总种植面积的10.3%，此外，在苜蓿新品种培育和生产技术研究推广方面，存在着研发集成不够、推广力度小等问题。

随着奶牛等草食动物养殖的发展，对优质苜蓿的需求将持续增加。"十三五"期间，种植业结构调整、草食畜牧业发展、奶业发展等对苜蓿产业提出了新要求，振兴奶业苜蓿发展行动、粮改饲试点、草牧业试验示范等政策措施，为苜蓿产业发展创造了广阔空间。本书从苜蓿种植技术、苜蓿青贮调制技术、苜蓿青贮质量评价、苜蓿青贮饲用技术和苜蓿青贮加工利用模式及应用5个方面阐述了苜蓿青贮的加工生产技术，旨在提高苜蓿应用价值，促进苜蓿产业高质量发展。希望本书能为牧草生产者、牧草经营者、农业科技推广人员、牧场技术人员等提供技术参考。由于编者水平有限，书中难免存在不足之处，敬请广大读者和同行提出宝贵意见。

编　者

2018年11月

CONTENTS 目录

第一章　苜蓿种植技术

第一节　种植计划

一、种植规模

在苜蓿种植前，种植者要考虑种植面积、灌溉方式、机械配套、产品形式和利用方式等，以确定种植规模和购置配套的机械设备等。

苜蓿规模种植、生产主要使用相关机械设备，考虑机械配套的经济性和作业效能的正常发挥，自有大中型机械作业的，种植面积一般不低于200hm²；租赁机械作业的，种植面积应不少于40hm²，见表1-1。

表1-1　不同苜蓿种植规模的土地面积、灌溉、机械配套及产品利用方式

种植规模	种植面积	灌溉形式	机械配套	产品及利用方式
大规模种植	200hm²以上	指针式喷灌、滴灌	自走式切割压扁机、搂草机、大型打捆机、青贮收获机等	商品草生产，为大型养殖场提供苜蓿大方草捆、半干青贮等
中等规模种植	40～200hm²	喷灌或无灌溉	小型切割压扁机、搂草机、打捆机、青贮裹包机等	商品草生产，为小型养殖场提供苜蓿小方草捆、半干青贮包
小规模种植	40hm²以下	漫灌或无灌溉	2圆盘割草机	以家庭养殖户自用为主，鲜草、半干青贮

根据灌溉方式，土地可整理为不同形状、面积的地块。移动式喷灌适合长条形地块，面积在30～60hm²；指针式喷灌应为圆形地块，面积在20～50hm²；滴灌应为长方形地块，宽度不大于80m，面积在10～40hm²；漫灌应为更小的长方形地块，尽可

能保证灌溉速度和灌溉均匀度。

种植地块形状及大小还应考虑到机械作业效率。单个地块面积太小或宽度太小，机械作业掉头次数就多，影响作业质量和工作效率，还会增加机械作业成本。在低洼地或地表水过浅，须规划修建排水沟防涝，保证地下水深度不少于1m。在小于25°的坡地上，机械作业通常沿等高线方向作业，以保证安全和作业效率。

二、土地整理

苜蓿适应性强，对土壤条件要求不十分严格。最适宜在地势干燥、平坦、土层深厚疏松、排水条件好、中性或微碱性沙壤土或壤土、盐渍化程度低、交通便利和管理利用方便的地区种植。苜蓿是多年生植物，根系发达，深翻耕有利于根系生长。通过翻耕、碎土耙平、镇压等作业，做到土地平整、上紧下松，同时防除病虫、草害。

土地整理的主要目的是清洁地面（除草、灭茬）、松土、肥土混合均匀、平整地面等，为苜蓿播种、出苗、生长发育提供适宜的土壤环境，提高收获效率和苜蓿产量及质量。平整的土地有利于机械播种时控制播种深度，不平、不实的土地，不仅在播种时会造成播种深浅不一，出苗不一致，而且在机械收割时还会造成留茬过低，甚至割掉生长点苜蓿无法再生，或留茬太高产量损失较大。

土地整理流程：

深耕翻（结合施底肥）—碎土耙平（结合施用土壤处理除草剂）—镇压。

1. 地表清理

地表清理主要是进行灭茬灭草和清理地面杂物，对前茬作物的残留秸秆用旋耕机进行粉碎处理，如图1-1所示。对于杂草过多或杂草生长茂盛的地块，可先打灭生性除草剂（草甘膦），使杂草变枯黄，再进行粉碎处理。

2. 耕翻

耕翻深度达到30～50cm，尽量深耕，以利苜蓿扎根。耕后土地要地表平整、沟垄少、杂草完全覆盖。耕地机械有牵引犁、翻转犁，如图1-2所示。

3. 碎土耙平

深耕翻后要耙碎土块，使土壤成为细颗粒状，平整地表，压实表土。耙地机械有动力旋转耙、圆盘耙、旋耕机，如图1-3、图1-4所示。

4. 镇压

耕翻、碎土后土壤一般过于松软，需要镇压紧实，以脚踩上后下陷0.5～1cm为宜，以便于播种设备控制播种深度，利于土壤底层水分上升，促进种子发芽和苜蓿出苗。镇压机械有V型镇压器、圆辊镇压器和网环状镇压器，如图1-5、图1-6所示。

图1-1 旋耕机灭玉米茬

图1-2 翻转四铧犁翻地

图1-3 缺口圆盘耙

图1-4 动力旋转耙

图1-5 V型镇压器

图1-6 网环状镇压器

三、施足底肥

苜蓿是多年生牧草，建植后可多年利用，因此建植前应施足底肥。底肥以有机肥或磷钾无机肥为主。有机肥来源广，养分含量全面，肥效长，但单位质量养分含量低，单位面积施用量大。无机肥肥效快，施用方便，与有机肥结合施用效果更好。

1. 有机肥

有机肥包括粪尿为主的厩肥，植物残体为主的沤肥，以及商品有机肥。有机肥需高温堆制杀死里面的杂草种子，并在施用前进行无害化处理，避免引入病原菌、虫卵等。

土壤有机质小于1.5%时，应施用有机肥，大于1.0%时则少施或不施有机肥。有机肥施用量为45～75m³/hm²，有条件的可适当多施，可显著提高苜蓿产量。施用有机肥后，可根据有机肥中N、P、K有效成分含量（表1-2）可减少无机肥的施用量。

表1-2　厩肥中养分的平均含量（%）

家畜粪便种类	N	P_2O_5	K_2O
鸡粪	2.08	3.53	2.38
猪粪	2.28	3.97	2.09
牛粪	1.56	1.49	1.96
羊粪	1.31	1.03	2.40

注：引自李书田等，2009

有机肥宜在土地翻耕前用抛撒施肥机均匀撒布于地表，结合深翻耕作业均匀混入耕作层土壤中，如图1-7所示。

2. 无机肥

种植苜蓿施用底肥以磷肥为主，全年所需磷肥可一次撒施于地表，结合深翻耕作业均匀混入耕作层土壤中，如图1-8所示。磷肥有过磷酸钙和重过磷酸钙，施用量750～1 500kg/hm²。施用磷肥时也可以在播种时将肥料装入条播机械的肥料箱，与种子同时施入，但磷肥应深施，施肥深度在10～15cm，与苜蓿种子要保持足够距离，避免烧苗。

图1-7　抛撒施肥机

图1-8　撒肥机

第二节 品种区划

一、品种概述

30年来（1987—2017年），经全国草品种审定委员会审定登记的苜蓿品种有92个，其中育成品种44个、引进品种23个、野生栽培品种5个、地方品种20个（表1-3）。育成品种主要包括抗寒、高产、耐盐、耐牧根蘖、抗病等类型。育种单位主要集中在甘肃农业大学、中国农业科学院北京畜牧兽医研究所、吉林农业科学院、黑龙江畜牧研究所、内蒙古农业大学、新疆农业大学等高校和科研单位，育成苜蓿品种数量占全部的70%以上。

表1-3 我国主要苜蓿育种单位及育成品种名录（1987—2017年）

序号	育种单位名称	品种名称
1	甘肃农业大学	甘农1号、甘农2号、甘农3号、甘农4号、甘农5号、甘农6号、甘农7号、甘农9号
2	中国农业科学院北京畜牧兽医研究所	中首1号、中首2号、中首3号、中首4号、中首5号、中首6号、中首8号
3	吉林农业科学院	公农1号、公农2号、公农3号、公农4号、公农5号
4	黑龙江畜牧研究所	龙牧801、龙牧803、龙牧806、龙牧808
5	内蒙古农业大学	草原1号、草原2号、草原3号、草原4号
6	新疆农业大学	新牧1号、新牧2号、新牧3号、新牧4号
7	东北师范大学	东首1号、东首2号
8	中国农业科学院兰州畜牧与兽医研究所	中兰1号、中兰2号
9	内蒙古图牧吉草地研究所	图牧1号、图牧2号
10	东北农业大学	东农1号
11	中国农业科学院草原研究所	中草3号
12	克劳沃（北京）生态科技有限公司	沃首1号
13	西南大学	渝首1号
14	凉山彝族自治州畜牧兽医科学研究所	凉首1号
15	赤峰草原工作站	赤草1号

二、苜蓿秋眠性

苜蓿秋眠性实际上是苜蓿生长习性的差异。即在北纬地区秋季，由于光照减少和气温下降，导致苜蓿形态类型和生产能力发生变化。这种变化只能在苜蓿秋季刈割后的再生过程中才能观察到。苜蓿品种的秋眠性与其再生能力、潜在产量、耐寒性相关。美国将苜蓿品种划分为11个秋眠等级。1～3级为秋眠型，4～6级为半秋眠型，而7～9级为非秋眠型，10、11级为极非秋眠型。秋眠级数高的品种，在秋季刈割后再生速度快、植株高大、挺直、强壮，秋眠级低的品种刈割后再生速度慢、植株低矮、匍匐、茎秆纤细。秋眠级别的大小一般可以作为耐寒性的参考，秋眠级为1的品种最耐寒，秋眠级为11的品种最不耐寒。

我国目前育成的苜蓿品种多为秋眠级1～4的品种，高秋眠级品种只能依赖进口。苜蓿秋眠级可作为引种的参考，最好在种植区做3年以上的品种筛选试验，以确定适合当地的品种。我国不同秋眠级苜蓿品种适宜种植区域分区如下（图1-9）。

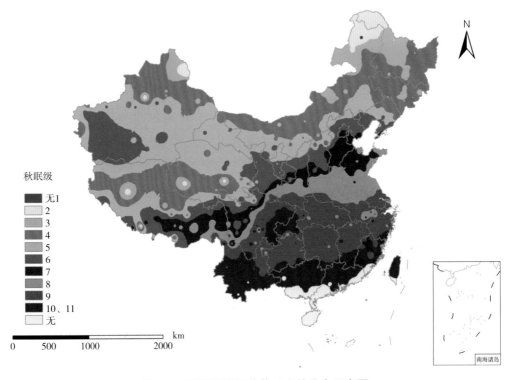

图1-9　不同秋眠级苜蓿适宜性分布示意图

三、栽培分区

我国苜蓿的适宜栽培区主要在北纬35°～45°，年均气温0～12℃，极端低温高于

−45℃，＞5℃积温高于2 000℃。主要生产区见表1−4。

表1−4　苜蓿栽培分区及适宜秋眠级

序号	生产区名称	地理区域及气候特征	适宜秋眠级
1	新疆荒漠绿洲与河西走廊区	北疆地区，年均温5～7℃，年降水量150～200mm	秋眠级1～3极抗寒品种
		南疆地区，年均温7.5～14.2℃，年降水量20～50mm	秋眠级4～6较抗寒品种
		河西走廊区，年均温7～8℃，年降水量50～150mm，有祁连山雪水灌溉	秋眠级3～4抗寒品种
2	河套灌溉区	宁夏平原、鄂尔多斯高原、黄土高原部分地区，年均温5.6～7.4℃，年降水量100～300mm	秋眠级2～4抗寒品种
3	华北农牧交错区	北起呼伦贝尔，经内蒙古东南、河北北部、山西北部到鄂尔多斯和陕西北部，年均温4.8～7.5℃，年降水量300～450mm	秋眠级2～3抗寒品种
4	黄土高原区	山西、河南西部、陕西西北部、甘肃中东部、宁夏南部、青海东部，年均温4～14℃，年降水量200～750mm	秋眠级3～5较抗寒品种
5	东北区	内蒙古呼伦贝尔盟、兴安盟和东北三省，年降水量200～400mm	秋眠级1～3抗寒品种
6	黄淮海区	长城以南，太行山以东，淮河以北，濒临渤海与黄海，年降水量500～850mm，盐碱地面积大	秋眠级4～6较抗寒、耐盐碱品种
7	西南山区	云贵高原与川西北地区，年均温10～18℃，年降水量1 000～1 500mm	高山区2～4抗寒品种；低山区4～6耐湿、耐酸品种；低海拔区7～9越夏能力强、耐湿、耐酸品种
8	长江中下游区	江西、浙江、上海、湖南、湖北、江苏、安徽大部，河南南部，年均温15～21℃，年降水量800～2 000mm	秋眠级7～9耐热、耐湿、耐酸品种
9	青藏高原区	西藏、青海大部、甘肃甘南及祁连山山地东段、四川西北部、云南西北部，年均温−5～12℃	秋眠级1～2极抗寒品种

第三节　种植管理

一、种子质量

种子质量的优劣是决定苜蓿草产量与质量的关键因素。对苜蓿种子质量评价的检测指标有发芽率、净度、水分、生活力等。

苜蓿种子分级是依据净度、发芽率、其他植物种子数、水分进行质量分级。发芽率中可含有硬实种子，见表1-5。种子中不应含有检疫性植物种子。裸种子和丸化种子，如图1-10、图1-11所示。

表1-5　苜蓿种子质量分级

名称	级别	净度（%）	发芽率（%）	种子用价（%）	其他植物种子数（粒/kg）	水分（%）
紫花苜蓿	一	≥98.0	≥90	≥88.2	≤1 000	≤12.0
	二	≥95.0	≥85	≥80.8	≤3 000	≤12.0
	三	≥90.0	≥80	≥72.0	≤5 000	≤12.0

注：引自标准《豆科牧草种子质量分级GB 6141—2008》

图1-10　苜蓿裸种子

图1-11　苜蓿丸化种子

二、种子处理

1.硬实种子处理

新收获的苜蓿种子或在不良环境（如寒冷、干燥、盐碱）条件下收获的种子硬实率较高，达30%以上，在库房自然贮藏过冬后种子硬实率就会降低到10%左右或没有硬实。

如果播种前苜蓿种子硬实率≥30%，需对种子进行打破硬实处理，可将种子暴晒3～5d，可提高发芽率15%～20%。当年收获的种子当年秋播时，可将种子置于-18℃的冷库，冷冻10～15d，能打破硬实提高发芽率。

2. 根瘤菌接种

（1）根瘤菌的作用

在全世界范围内对提倡苜蓿进行根瘤菌接种都已没有争议，认为绝大多数农业土壤都需要接种。因为接种根瘤菌可提高苜蓿的成苗率、幼苗结瘤率，增加苜蓿产草量和蛋白质含量，并能提高土壤肥力。苜蓿种子接种根瘤菌是提高产量的一项重要措施。据18个苜蓿播种区调查结果，接种根瘤菌增产率达30%左右，增产效果可维持两年。播种当年苜蓿结瘤情况如图1-12所示。

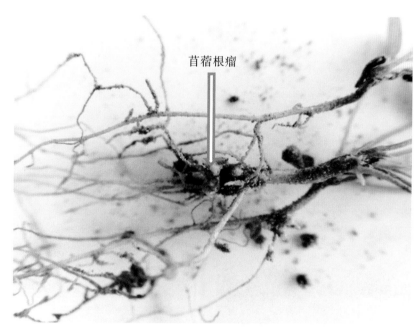

苜蓿根瘤

图1-12　苜蓿结瘤情况

（2）根瘤菌接种要考虑的因素

使用根瘤菌剂接种根瘤菌时，还要考虑土壤条件、根瘤菌种类和肥料水平等因素。特别是在砂质或养分贫瘠的土壤上，接种根瘤菌能有效改善苜蓿生长、提高土壤肥力。不同地区、不同土壤和不同品种应选择相适宜的根瘤菌种。接种根瘤的种子不宜与过磷酸钙肥料混合施用，肥料中的游离酸会对根瘤菌产生毒害作用。

（3）根瘤菌接种方法

苜蓿接种根瘤菌的方法是根瘤菌剂拌种，即根瘤菌和种子混合拌匀使用。拌种过程中应避免日光直射。拌好的种子不宜过分干燥，以免菌浆脱落，且应尽快播完，避免种子受潮后降低种子发芽势和发芽率。拌种时，菌剂不宜与杀虫剂、杀菌剂、除草剂等农药混合使用。合格的菌剂每克含活菌数应大于2亿个，杂菌率应小于5%。

宁国赞在1982年提出的接种配方（表1-6），接种程序是先将羧甲基纤维素钠按一定量加入热水中，配制所需浓度的溶液，边加边搅拌；按比例加入根瘤菌剂，充分拌匀；按比例加入种子及钼酸铵等微肥；种子包裹丸衣后置于阴处晾干。在大面积播种时，也可以按种菌比10：1的比例，在播种前将根瘤菌剂与种子混合均匀，再机械播种。

表1-6　种子丸衣化接种根瘤菌原料配方　　　　　　　　　　　　（单位：kg）

苜蓿种子	根瘤菌剂	丸衣材料	羧甲基纤维素钠	水	钼酸铵
1 000	100	300	3	150	3

三、播种技术

1. 播种期

播种成败是苜蓿建植的关键。根据当地的条件（如茬口、土壤墒情、劳力、播种机械等）选择适宜的播种时间，理论上苜蓿几乎一年四季皆可播种。但因低温、高温、干旱、泥泞、杂草、病害和复种制度等限制因素的存在，许多时期不宜播种。

北方地区一般以春播和秋播为主，时间在春季4月和秋季8月。春播宜早，利用早春解冻后的土壤水分，在地温稳定达到发芽温度5℃以上时，立即抢墒播种，有利于出苗和增加苗期苜蓿与杂草的竞争力。夏季播种杂草危害较大，且高温高湿不利于苜蓿幼苗生长。秋播最佳，气候冷凉，适合苜蓿生长，土壤墒情好，杂草危害小。干旱地区宜等雨播种，湿润地区多雨季节不宜播种。苜蓿还普遍采用复种、套种方式。如华北平原最佳播期为夏玉米收获后至冬小麦播种前。

2. 播种量

正常苜蓿播种量一般为15.0kg/hm²，但生产中建议播量为18～22.5kg/hm²，俗话说"有钱买种，无钱买苗"。苜蓿播种量的确定与种子发芽率相关，一级苜蓿种子的发芽率在85%以上，纯净度在95%以上。如果低于这个标准，应适当加大播种量。

播种机播量调整方式，除调整增加播种轮卡槽的大小外，还可调整播种槽下面的挡板，将其调高一个卡位。因为苜蓿种子较小，在播种机播种作业时，由于机械的震动，会增加下种量，调高会更有利于控制播种量，如图1-13所示。

图1-13　播种机播种轮卡槽及挡板调整

3. 行距

在土壤肥力中等、有灌溉或降雨较多的地区，苜蓿播种行距适宜在15cm左右，大量研究试验表明，小行距大播量的种植密度，有利于提高苜蓿产量和品质；在土壤肥力较差、无灌溉、降水较少的地区，苜蓿播种行距适宜在30cm左右。

4. 播深

适宜的播种深度为1cm；在沙性土壤可增加播深到2cm。超过3cm出苗缓慢，出苗率降低，苗弱。在生产中，普遍采用"深开沟，浅覆土"的播种方式，这有利于土壤保墒、增加出苗率和苗期生长。

5. 播后镇压

苜蓿覆土很浅，一般1~2cm。播种后要及时镇压，使种子与土壤紧密结合，有利于土壤保墒，提高苜蓿出苗率，如图1-14、图1-15所示。

图1-14　网环状镇压器　　　　　　　　　图1-15　镇压效果

6. 播种方式及播种机械

一般为条播，也可撒播和穴播。条播便于田间管理，如30cm行距更便于进行中耕除草。苜蓿除条播外，还可以撒播，撒播时播种量应增加20%左右。撒播植株田间分布较为均匀，空间利用较为充分，亦常采用。撒播一般适用不适合播种机械作业的山地和小面积地块。

我国部分地区还常采用保护播种，伴播一年生保护作物，如油菜、燕麦等，可抑制杂草生长、减轻水土流失。

条播使用小麦播种机或牧草播种机，行距为15cm，也可调整为30cm。如图1-16、图1-17所示。

图1-16 整地播种一体机

图1-17 精量播种机

近年来，有的地方利用国外进口的播种机，如百利灵播种机，进行大面积穴（点）播，行距5cm，穴距2~5cm，这适合在土壤肥力好、有灌溉且土地特别平整的地区，如图1-18、图1-19所示。

图1-18 穴播盘

图1-19 穴播（点）播种机

7. 种肥

苜蓿播种时可施用种肥，一般利用颗粒状的磷酸氢二铵做种肥，用量为种子量的1～2倍。播种前将颗粒状的磷酸氢二铵与苜蓿种子混拌均匀，放入播种箱，适当调大播种机播量。这样既便于调节播种量，又能在苜蓿幼苗期提供N素营养，促进幼苗生长。

第四节　田间管理

一、灌溉管理

苜蓿喜水但忌积水，一般形成1kg干物质需要800kg水。土壤中水分高时，苜蓿消耗水多，干物质积累也快；但积水会导致烂根，造成植株大批死亡。一般而言，要达到高产、优质的目标，必须根据苜蓿需水特性、生育阶段、气候、土壤条件等，配套灌溉设施，实施人工灌溉。

1. 耗水量

耗水量是土壤蒸发、植物表面蒸发、植物蒸腾及构建植物体消耗的水分数量之和，亦称蒸腾蒸发量。苜蓿一个生长季耗水量为300～2 250mm。苜蓿不同生长发育阶段耗水量不同，分枝—现蕾阶段耗水量最大，其次是现蕾—开花阶段，见表1-7。

表1-7　紫花苜蓿不同生长期的耗水量

生育阶段	天数（d）	耗水量（m³/hm²）	占生育期的比例（%）	折合降水量（mm）	折合亩①耗水量（m³）
播种—出苗	6～9	303	5.2	30.30	20.21
出苗—分枝	16～18	405	6.9	40.50	27.01
分枝—现蕾	33～35	2 163	36.9	216.30	144.27
现蕾—开花	14～16	1 098	18.8	109.80	73.24

注：引自陈谷等，2012

2. 苜蓿需水规律

苜蓿在春季返青时需水较少，返青后随着植株生长和发育，对水的需要量逐渐增多，到现蕾时期，需水量达到了最高峰，此时要求土壤含水量为60%～80%，以后需水量逐渐减少，所以现蕾末期或初花期是需水的关键时期。因此在苜蓿现蕾前期，根

---

① 1亩≈667m²，全书同

据土壤墒情和天气情况，及时灌溉，保证苜蓿生长发育的水分需要，促进苜蓿的生长和产量的形成。苜蓿生产中每年可以多次刈割利用，每次刈割后，也要及时灌溉来保持土壤墒情，并为再生植株提供充足的水分。

3. 灌溉量

不同生长时期适宜的土壤相对含水量为：出苗至分枝期80%为宜，分枝至初花期70%～90%为宜，开花后50%左右。苜蓿5～30cm土壤相对含水量是进行灌溉决策的重要依据，低于适宜相对含水量的20%就要及时灌水。缺水时苜蓿亮绿色转为灰绿色，不及时灌溉就会造成减产；严重缺水时植株颜色灰暗或萎蔫，不立即灌溉会导致死亡。

苜蓿灌溉量主要取决于需水量和年降水量，因气候区域而异。东北约0～400mm，大体由东向西逐渐增加，西南部最高。西北、新疆约300～1 200mm，北疆较低，约300～600mm；南疆较高，且越靠近塔克拉玛干沙漠越高；河西走廊约600～1 200mm，大致由东向西逐渐增加；西北其余地区约100～800mm，大体由东南向西北逐渐增加。华北约200～400mm，大体由东南向西北逐渐增加。淮河流域约0～300mm，大体由东南向西北逐渐增加。

根系集中分布层厚度是确定灌水深度的基本依据，苜蓿通常为600～1 000mm。

壤土的田间最大持水量高（22%～38%），因此苜蓿灌溉原则是"少次多量，灌足灌透"，而在沙土地灌溉时，由于沙土田间最大持水量低（16%～20%），灌溉原则是"多次少量"。

4. 灌溉时期

苜蓿建植当年，灌溉关键期是播种、苗期、分枝期、每次刈割后和入冬前。在各时期如无有效降水，应各灌一次。建植第二年及以后，灌溉关键期是入冬前、返青后、分枝期、每次刈割后。在各时期如无有效降水，应及时进行灌溉。刈割前不宜灌溉，以免影响机械作业，应在刈割后及时灌溉。

根据各地气候情况来确定各时期灌溉重要程度，如北方春旱普遍，第1茬为重点灌溉期；寒冷地区土壤水分对苜蓿越冬十分重要，因此冬灌最重要；西北荒漠气候区降水极少，各茬皆应按需灌溉。

苜蓿越冬前适时冬灌是苜蓿安全越冬、早春防冻、防旱的重要措施。冬灌还可以压实土壤，粉碎坷垃，消灭越冬害虫，具有明显的增产作用，在春旱年份增产效果尤为明显。冬灌时应掌握"夜冻日消，灌足灌透"的原则，适宜温度是白天气温10℃左右，夜间0℃左右。

确定具体灌水时期的方法有三类，即植株检测法、土壤检测法和水分亏缺测算法。当植株出现萎蔫或颜色灰暗时，表明缺水严重，应马上灌水。当根系集中分布层土壤含水量降至田间持水量的60%左右时，应及时灌水。当土壤水分亏缺量接近上次灌水定额时，亦该及时灌水。

5.灌溉方式

灌溉方式主要有畦灌、喷灌和滴灌。

（1）畦灌

畦灌是粗放的灌水方法，通过网状分布的渠道输水，依靠地面高差和水重力使水在畦内地面漫流灌溉。适用于小面积、地势平坦、多年耕种、水源水量充沛的种植地。其优点是投资小；缺点是耗水多、耗时长、费工和占地较多，地势不平时难以保障灌溉均匀，易出现漏灌、冲刷和局部地面积水现象，畦、灌渠会对机械化作业不利。畦长不宜超过100m，畦宽通常为播种及收割机械幅宽的1～3整数倍，坡度以0.1%～2%为宜。

（2）喷灌

喷灌是安装管路系统输水、用喷头喷水灌溉的方式。喷灌的水利用率可达65%～85%，与畦灌相比可节水30%～50%，一般可增产20%～50%。喷灌灌水均匀度多在80%以上，省工、节地，受地形限制小（坡度20°内一般均可应用），侵蚀作用弱，地表不宜板结，可降低叶温，有利于调节田间小气候。喷灌时，可同时喷洒液体肥料和农药，节省生产工序，降低成本。缺点是受气象因素影响明显，3～4级的风就会影响喷洒的均匀度，而且成本较高，需要一定的设备和投资，对灌溉水质量和管理人员素质要求较高，适合较大面积的苜蓿种植单元使用。喷灌系统分固定式、半固定式和移动式3类，可根据地形和资金条件等进行选择。半固定式喷灌设计示意图如图1-20所示。

自走式喷灌系统：管路和喷头均安装在带行走轮的机架上，由电动机或水力驱动行走，实施灌溉作业。优点是对地块平整度和坡度要求低，灌溉均匀度和用水量易于控制，可及时灌水，使用方便，占地少，管理维护费用较低。不足是一次性投资较大，灌溉范围内不能有障碍物。苜蓿灌溉宜配置低射程、大密度、下置安装的小喷头，水浪费少。单个系统喷灌面积越大，单位面积投资成本越低，一般单个系统灌溉面积300～2 000亩。这类喷灌系统以指针式喷灌居多，半径一般为200～700m，灌溉范围为圆形区域，存在一定死角，需要卷盘喷灌机来作补充灌溉。自动式喷灌系统如图1-21所示。

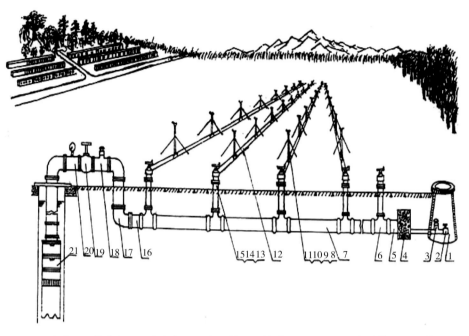

1.沉淀池；2.排水阀；3.空气阀；4.水泥块；5.堵头；6.三通；7.塑料管；8.钢管；
9.插座；10.支架；11.喷头；12.支管；13.出地管；14.截阀体；15.截阀开关；
16.单法兰单承；17.弯头；18.放气装置；19.闸阀；20.测压装置；21.水泵

图1-20　半固定式喷灌设计示意图

图1-21　自动式喷灌系统

卷盘式和桁架式喷灌机：属小型节水灌溉设备，适合小面积地块。卷盘喷灌机喷水直径16～30m，喷水量达17～65t/h。桁架喷灌机配有多喷头，桁架长26m时，叠加喷幅可达34m，喷水量可达11～38t/h。卷盘式喷灌机如图1-22所示。

图1-22 卷盘式喷灌机

（3）地下滴灌

地下滴灌是将过滤后的水、肥料、农药以较小流量均匀准确地直接输送到苜蓿根部附近土层。其优点主要有：①节水：可精确控制水量，水利用率高，最多可节约喷灌用水的50%；②增产：能精确控制水、肥、农药用量，地温下降小，降低空气湿度，减少病虫害，土壤团粒结构、透气性、保温性良好，地面不板结，苜蓿成活率及产量一般比地面灌溉高20%～30%；③节肥、少污染：肥料直接施到苜蓿根区，便于吸收，可充分发挥肥效，减少肥料淋失和对环境的污染；④灌水均匀：一般均匀度在90%以上；⑤省工：易于自动化管理；⑥便于田间作业：滴灌过程苜蓿行间及地表可保持干燥，影响田间机械作业时间短；⑦适应性广：可在坡地使用，且不易造成土壤盐碱化；⑧抑制杂草：可保持地表相对干燥，抑制杂草的发芽和生长，减轻苜蓿杂草危害。缺点是投资较大，每亩投资在1 500～2 500元，需要较高维护管理水平。

地下滴灌系统主要由水源、首部枢纽（水泵、动力机、砂石和筛网式过滤器、施肥（药）罐、控制阀、水表、减压阀等）、输配水管网（干管、支管）、毛管（贴片式滴灌带或内镶柱状式滴灌管）组成。干管采用PVC硬管，埋深1.2m；支管采用PE90软管，埋深35～50cm，间距100～150m；毛管布置为一管两行，毛管采用贴片式滴灌带或内镶柱状式滴灌管，埋深15～30cm，间距60cm。毛管用量约18 000m/hm^2。出地桩与出地桩距离保持在80～85m，两出地桩间的毛管播完种后立即进行打结，防止串灌。如图1-23、图1-24所示。

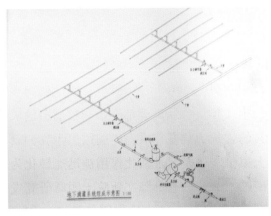
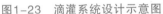

图1-23　滴灌系统设计示意图

图1-24　机械铺设滴灌管

苜蓿需水的关键时期是在现蕾末期、开花期和每次收割后。滴灌时间：返青期灌一次，每茬收割前7～9d灌一次水，收割后3～5d内及时灌水，在越冬前20天灌最后一水，一年共灌水8～10次，每次滴水量300～450m³/hm²，全生育期滴水3 000～4 500m³/hm²。灌水时要高压运行，杜绝跑、冒、滴、漏。另外，刈割前灌水时应尽量避开大风、降雨天气，防止倒伏。应用水肥一体化技术，随水施肥，每茬在收割后3～5天随水滴施水溶性肥，如尿素75～90kg/hm²或磷酸钾铵30～45kg/hm²，以促进植株再生，提高下一茬苜蓿产量。

二、施肥管理

施肥有利于增加苜蓿产量。除在播种前整地时施入有机肥或磷肥作底肥外，在苜蓿返青期、越冬前和刈割后再生时期，还应适当追肥。播种当年苜蓿在最后一茬刈割后追肥，两年以上苜蓿在第一茬和最后一茬刈割期追肥。此外，如出现营养缺乏症，也需及时追肥。

1. 肥料需求

苜蓿需要的养分包括大量元素、中量元素及微量元素。大量元素有氮（N）、磷（P）、钾（K）；中量元素有钙（Ca）、镁（Mg）、硫（S）；微量元素有铁（Fe）、锰（Mn）、钼（Mo）、铜（Cu）、硼（B）、锌（Zn）。据测算，每收获1t苜蓿干草，从土壤中带走22.7～31.8kg的N、3.6～7.3kg的P_2O_5、21.8～32.7kg的K_2O。但肥料不是越多越好，某种养分过量将会限制其他养分吸收，使得产量不升反降，不仅会降低经济效益，而且会造成环境污染。

2.苜蓿对养分的吸收规律

（1）氮素的吸收规律

苜蓿的氮素来源有2个途径，一个是利用共生根瘤菌固定空气中的氮素，另一个是利用根系从土壤中吸收氮素。因此，提高根瘤菌固氮能力，可以减少氮肥的施用，提高经济效益。苜蓿品种、土壤养分、温度、生长年限、农药等都会影响根瘤菌的固氮效率，其中最主要的因素是土壤中速效氮素的含量、温度和农药的施用。生物固氮是适应过程，氮肥的使用会造成其下降。在土壤中铵态氮通过消化作用被迅速转化为硝态氮，生理试验表明，苜蓿根瘤的形成对硝酸根非常敏感。陈文新院士团队研究发现固氮酶的合成和活性受硝态氮抑制，在氮素含量高的土壤中生物固氮停滞，称为"氮阻遏"现象。但也有研究发现在苗期施少量氮肥能促进苜蓿结瘤。

氮素的供给能力对苜蓿再生速度具有重要影响。研究表明，刈割以后生物固氮能力迅速降低，刈割后再生过程中的前10d，茎叶中的氮素几乎全部来源于主根和侧根中贮存的氮素。直到苜蓿形成大量叶片，光合作用活跃，才能恢复生物固氮能力满足苜蓿生长需要。有研究者的试验结果表明，刈割周期小于35d时，主根中氮素含量得不到恢复，含量降低会影响苜蓿再生速度，因此频繁刈割地区需要适当补充氮素。综上所述，在土壤氮素水平较低或刈割周期小于35d时，需要适当补充氮肥。

（2）磷素的吸收规律

磷素可以促进苜蓿根系生长。在土壤中，磷主要通过扩散作用由土壤转移到苜蓿根。由于磷易于固定，在土壤中的移动距离短，因此施磷肥时要深施，不能撒在地表。苜蓿生长早期对磷素的吸收较多，干物质重达到成株总干重1/4时幼苗植株，其含磷量可达成株总磷量的3/4。

（3）钾素的吸收规律

苜蓿生育阶段不同，其含钾量也不同。幼龄植株的含钾量高，随着植株的成熟，钾的含量逐渐下降。植株不同部位钾含量不同，一般为茎>叶>根。苜蓿的高产是建立在高钾的基础上，但苜蓿对钾的吸收常会发生过度吸收，苜蓿干草中钾素含量不应超过3%。产量高的苜蓿地每年移出钾0.3~0.5t/hm^2，为了维持苜蓿稳产、高产，必须每年施入足量的钾肥。施硫酸钾肥还可以增加每株苜蓿的根瘤数。此外，苜蓿抗性随体内可溶性钾含量增加而增加，苜蓿地杂草入侵，多数与可利用钾素不足有关。

（4）钙素的吸收规律

苜蓿和禾本科牧草相比，在同样成熟期，苜蓿中钙的浓度高，因此是家畜很好的钙营养源。当苜蓿体内钙浓度低于3g/kg时，苜蓿生长受阻。钙对苜蓿结瘤和固氮很重要，能促进根系的发育。钙的吸收与土壤pH值密切相关，在盐碱土上苜蓿容易缺钙。此外，有研究表明钾肥降低苜蓿对钙的吸收。

（5）镁素的吸收规律

苜蓿和禾本科牧草相比，镁的浓度高，因此是家畜很好的镁源。土壤中可被植物吸收利用的镁含量较低，主要来源于镁的原生矿物和次生矿物。土壤pH值适宜条件下，苜蓿可以在一个较宽的镁含量范围内生长。同钙一样，施钾肥可以降低苜蓿中镁的浓度。

（6）硫素的吸收规律

植物根系主要吸收硫酸根离子，苜蓿初花期时体内硫含量在0.2%左右，健壮植株所含的硫约为0.3%。一般情况下，苜蓿根和茎中积累硫比冷季型禾本科牧草多。在轻质沙壤土上容易出现缺硫现象，建议检测土壤有效硫含量，合理施硫肥。

（7）微量元素

苜蓿初花期刈割时冠层15cm处苜蓿体内硼、钼、铜、铁含量分别低于30mg/kg、0.5mg/kg、4mg/kg、50mg/kg时，苜蓿表现缺硼、钼、铜、铁，应适当喷施相应的叶面肥。

3．测土配方施肥技术

苜蓿测土配方施肥是以土壤和肥料田间试验为基础，根据苜蓿需肥规律、土壤供肥性能和肥料效应，在合理施用有机肥料的基础上，提出氮、磷、钾及钙、镁、硫微量元素等肥料的施用数量、施肥时期和施用方法。测土配方施肥技术实现了根据苜蓿必需的各种营养元素的供应和协调，满足苜蓿生长发育的需要，从而达到提高产量和改善品质、减少肥料浪费、防止环境污染的目的。提倡测土配方施肥，做到缺什么补什么，缺多少补多少。由于不同土壤的养分条件不同，需根据养分状况和目标产量，确定最佳的施肥方案。表1-8是根据国内外研究数据归纳来的针对苜蓿生产的土壤有效养分分级指标，供参考。

表1-8 针对苜蓿生产的土壤养分诊断表（mg/kg）

土壤养分	缺乏	基本足够	足够	较高
有效磷	0～5	5～10	10～15	>15
速效钾	0～50	50～100	100～150	>150
有效硫	0～5	5～10	10～15	>15
有效锌	<0.8	0.8～1.0	>1.0	
有效铜	<0.2	—	>0.2	
粗质土有效硼	<0.2	0.3～0.4	>0.5	
沙质土有效硼	<0.3	0.4～0.8	>0.9	

注：引自李向林等，2011

在苜蓿高产区以及种植面积较大时,建议每年进行植物组织分析。在初花期,采集植物冠层上部15cm内的植物样品进行分析,尽早发现营养缺乏或过量现象,及时进行有针对性的土壤养分测定,然后确定追肥种类和数量(表1-9)。

表1-9 苜蓿组织分析营养诊断

营养元素	缺乏	基本足够	足够	较高	过量
氮(%)	<2.0	2.0~2.5	2.5~5.0	5.0~7.0	>7.0
磷(%)	<0.20	0.20~0.25	0.25~0.70	0.70~1.00	>1.00
钾(%)	<1.75	1.75~2.00	2.00~3.50	3.50~5.00	>5.00
硫(%)	<0.20	0.20~0.25	0.25~0.50	0.50~0.80	>0.80
钙(%)	<0.25	0.25~0.50	0.50~3.00	3.00~4.00	>4.00
镁(%)	<0.20	0.20~0.30	0.30~1.00	1.00~2.00	>2.00
锌(mg/kg)	<12	12~20	20~70	70~100	>100
铜(mg/kg)	<4	4~8	8~30	30~50	>50
铁(mg/kg)	<20	20~30	30~250	250~500	>500
锰(mg/kg)	<15	15~25	25~100	100~300	>300
硼(mg/kg)	<20	20~30	30~80	80~100	>100
钼(mg/kg)	<0.5	0.5~1.0	1.0~5.0	5.0~10.0	>10.0

注:引自李向林等,2011

4. 水肥一体化技术

水肥一体化技术是指将肥料随同灌溉水一同施入的技术。借助压力系统,将可溶性固体或液体肥料,按土壤养分含量和植物种类的需肥规律和特点,配兑成的肥液与灌溉水一起,通过可控管道系统供水、供肥,使水肥相融后,通过管道和滴头形成喷灌,均匀、定时、定量浸润苜蓿根系发育生长区域,使主要根系土壤始终保持疏松和适宜的含水量。优点是灌溉施肥的肥效快,养分利用率高。可以避免肥料施在较干的表土层易引起的挥发损失、溶解慢,最终肥效发挥慢的问题。对设备、肥料和管理的要求高。

5. 肥料种类及施肥量

(1)有机肥

有机质含量是土壤肥力较重要的指标,有机质含量大于2.5%为丰富,小于1.5%为缺乏。丰富、中等和缺乏情形下的有机肥施用量分别为0~30t/hm²、30~45t/hm²和45~75t/hm²。施有机肥45t/hm²,约可使土壤有机质含量提高0.2%。

有机肥包括粪尿为主的厩肥，植物残体为主的沤肥，以及商品有机肥。有机肥需高温堆制杀死里面的杂草种子，并在施用前进行无害化处理，避免引入病原菌、虫卵等。有机肥适合作底肥在整地时施入。表施厩肥可以对苜蓿越冬提供保护，因厩肥中提供的腐殖质，可改善土壤的物理特性，因而增进了土壤的渗透性和持水力、通气性和调节温度的关系。

（2）氮肥

苜蓿根瘤固定的氮素一般可以满足其生长需求。但在比较贫瘠、氮素含量低的土壤上（有机质<1.5%）播种时，建议施30～45kg/hm²氮肥（二铵）作种肥与种子混拌播种，可促进种子萌发和幼苗生长。一般两年以上苜蓿不需要大量施用氮素，过多施入氮肥会降低根瘤菌固氮能力，增加苜蓿倒伏以及病虫草害发生风险。但在高产地块，建议在每次刈割后，结合灌溉追施氮肥（尿素）150～225kg/hm²，可以提高苜蓿刈割后的再生。

缺氮首先在老叶出现症状，整个叶片出现失绿，变成淡绿色至黄色，植株发育不良，矮小纤弱。常见的氮肥有尿素、硝酸铵、碳酸氢铵、氯化铵，以及磷酸铵、磷酸氢二铵、硝酸钾等复合肥。

（3）磷肥

磷素促使苜蓿茎秆坚韧，植株健壮，促进花芽形成，提高结实率。促进根系发育，提高抗寒、抗旱能力。此外，磷素可以提高根瘤结瘤率和固氮能力，随着磷素水平的增加，根系上的结瘤数、根瘤重都显著增加（表1-10）。磷素不足时生长缓慢，叶片变小、分枝减少。磷肥当季有效性仅有10%～20%，因此施用量应远远高于苜蓿对磷的吸收量。磷肥不容易流失，肥效时间长，一次施肥可满足较长时期苜蓿生长需求，适合作为底肥施用。施用量参照表1-11。缺磷首先在老叶出现症状，表现为叶片及茎秆呈暗绿色，叶片较小、卷曲，向斜上方生长，植株稀疏。常用磷肥有过磷酸钙、重过磷酸钙、钙镁磷肥、磷酸铵类（一铵和二铵）、磷酸二氢钾。磷肥不能与微量元素肥料混合施用，会降低微量元素利用率。

表1-10 不同磷水平下接菌紫花苜蓿叶片数、根瘤数和根瘤重

磷水平（μmol/L）	叶片数（个）	根瘤数（个）	根瘤重（g）
0	24.77	6.50	0.142 9
100	29.60	9.00	0.194 8
500	31.77	10.00	0.236 4
1 000	29.66	11.50	0.266 7

注：引自齐敏兴等，2013

表1-11　基于苜蓿目标产量（干草）的推荐施磷量

土壤0~30cm 有效磷含量（mg/kg）	评价	目标亩产量（t/hm²）			
		5	10	15	20
		磷肥推荐用量（P₂O₅ kg/hm²）			
0~5	极缺	60	120	170	230
5~10	缺乏	30	60	120	170
10~15	足够	0	0	60	120
>15	丰富	0	0	0	60

注：引自李向林，2013

（4）钾肥

钾素可以促进苜蓿茎秆发育，对维持苜蓿高产，延长苜蓿利用年限，增强抗病虫害以及抗倒伏能力，提高植株抗旱、抗寒能力效果明显。尤其是抗寒能力，钾素对提高我国北方地区苜蓿越冬能力作用明显。钾肥容易在表土层被固定，所以应深施到根系分布多的土层，以利根系吸收。一般采用条施、穴施或滴灌施入。此外，钾肥应分期施用，建议在早春和第二茬刈割后各分配50%。苜蓿对钾肥存在奢侈吸收（吸收能力远大于其需求量）现象，建议全年施用总量不超过300kg/hm²，在底肥和追肥中分次施入，参照表1-12。缺钾首先在老叶出现症状，叶片顶端及边缘最先出现失绿斑点，随后逐步扩展，但主脉通常无症状。常用的钾肥品种是氯化钾和硫酸钾，其中氯化钾消费量约占钾肥总消费量的90%以上。

表1-12　基于苜蓿目标产量（干草）的推荐施钾量

土壤0~30cm 速效钾含量（mg/kg）	评价	目标亩产量（t/hm²）			
		5	10	15	20
		磷肥推荐用量（K₂O kg/hm²）			
0~50	极缺	60	120	230	340
50~100	缺乏	0	60	120	230
100~150	足够	0	0	60	120
>150	丰富	0	0	0	60

注：引自李向林，2013

（5）钙肥

钙肥除能供给植物钙素营养外，也可以起到改良酸性土壤，促进有机质分解，提高钼、磷元素有效性的作用。pH值低于6.0时，需要进行石灰改良。整地前将石灰撒在土壤表面，然后进行翻耕混匀，石灰不能与铵态氮肥、水溶性磷肥、钾肥和微肥混施；用石灰改良后不建议土表施用尿素。石灰施用量参照表1-13。

表1-13　酸性土壤改良石灰用量（kg/hm²）

土壤反应	黏土	壤土	沙土
极酸性pH 4.5～5.0	2 250	1 500	750～1 125
强酸性pH 5.0～5.5	1 125～1 875	750～1 125	375～750
中微酸性pH 5.5～6.0	750	375～750	375

（6）镁肥

酸性土壤中镁的有效性较低。钾离子与镁离子之间存在强烈的拮抗作用，土壤中钾含量较高时镁含量较少。对苜蓿而言，适宜的钾镁比应低于1.5∶1。土壤pH值适宜时，苜蓿一般不会出现镁缺乏症。若钾肥施用量较多，可适当施入镁肥，维持钾、镁平衡。土壤pH值高于8时，每增加0.1个单位，增施1 500kg/hm²石膏，并结合灌溉洗碱，以利肥料吸收。

由于镁素营养临界期在生长前期，镁肥宜作为底肥。施入不同种类的镁肥时，要考虑土壤的性质。如果土壤是强酸性的施用白云石（MgO含量20%左右）、钙镁磷肥等缓效性镁肥作为底肥效果好；弱酸性和中性土壤施用硫酸镁（MgO含量13%～16%）、硝酸镁（MgO含量15.7%左右）效果好。

（7）硫肥

石膏是最为常用的硫肥。石膏既是植物钙、硫营养的直接给源，又可用作碱土改良剂。缺硫土壤可参考表1-14进行施肥。液态硫肥（硫代硫酸钾、硫代硫酸铵）可在苜蓿生长季随灌溉水施用。改良碱土时，可将石膏直接均匀施于碱土上，通过耕耙使之与土混匀，再灌溉洗碱。砂土中有效硫含量低于15mg/kg时需要施用硫肥，一般作为底肥施入。作为追肥施用时，参照追施钾肥的时间。

表1-14　基于苜蓿目标产量（干草）的推荐施硫量

土壤0～30cm 有效硫含量（mg/kg）	评价	目标产量（t/hm²）			
		5	10	15	20
		硫肥推荐用量（S, kg/hm²）			
0～5	极缺	10	20	30	40
5～10	缺乏	0	10	20	30
10～15	足够	0	0	10	20
>15	丰富	0	0	0	10

注：引自李向林，2013

（8）微肥

苜蓿对微量元素的需要量很小，但不可或缺。每生产1t紫花苜蓿干草从土壤中移出的微量元素养分数量参见表1-15。土壤中有效铁（Fe）、锰（Mn）、铜（Cu）、锌

（Zn）、硼（B）和钼（Mo）的临界含量分别为2.5mg/kg、5mg/kg、0.2mg/kg、0.5mg/kg、0.25mg/kg和0.10mg/kg。当某元素实际含量低于临界值时，则应予以补充。铁（硫酸亚铁）、锰（硫酸锰）、铜（硫酸铜）、锌（硫酸锌）、硼（硼砂）和钼（钼酸铵）的施用量分别为60～120kg/hm²、20～40kg/hm²、8～15kg/hm²、15～30kg/hm²、20～40kg/hm²和0.5～1.0kg/hm²。

表1-15　紫花苜蓿单位经济产量微量元素养分移出量（g/1t干草）

养分	铁（Fe）	锰（Mn）	铜（Cu）	锌（Zn）	硼（B）	钼（Mo）
移出量	160	60	5	25	40	1

微量元素肥料每3～5年施用1次。通常与大量元素肥料掺混后基施。亦可返青后或刈割后于灌溉之前或雨季进行土壤表面追施。再次施用前须重新进行土壤微量元素含量测定，低于临界值方予再次施用。

三、杂草防控

我国苜蓿田杂草种类繁多，可分为一年生杂草、越年生杂草和多年生杂草。一年生杂草主要包括藜、大马蓼、苍耳、萹蓄、稗草、狗尾草、马唐、葎草、马齿苋、苋等，早春以藜、萹蓄、葎草等为主，夏季以马唐、稗、狗尾草、马齿苋为主。越年生杂草主要有野胡萝卜、野燕麦、看麦娘、婆婆纳和播娘蒿等。多年生杂草主要有芦苇、赖草、苦荬菜、刺儿菜、田旋花、蒿类、菟丝子等。

杂草防控可以避免杂草与苜蓿争水、争肥、争光，防止杂草产生的有毒物质或生长抑制物质使苜蓿产量降低、品质变劣。由于播种当年苜蓿苗期生长缓慢，一年生杂草的竞争力要强于苜蓿，因此控制一年生杂草是决定苜蓿建植成败的关键环节之一。

1. 选择播种期

苜蓿播种主要在春季、夏季和秋季。晚春和夏季播种正值杂草萌发生长的高峰期，对苜蓿幼苗危害极大。早春和秋季播种可避开杂草旺盛生长期，能减轻杂草危害。

2. 保护播种

播种苜蓿的同时播种保护作物，如燕麦、荞麦、谷子等，可有效抑制杂草生长，保护苜蓿幼苗生长，同时，保护作物的收益也可弥补苜蓿播种当年效益较低的不足。保护作物播种量一般为单播时的30%～50%，苜蓿播种量不变。

3. 整地除草

在整地时利用耕、翻、耙进行杂草防除，如地面杂草太多，可喷施茎叶处理除草剂，灭除杂草后再进行耕、翻、耙等土地整理。一般施用草甘膦等灭生性除草剂，须按照产品说明书在施药后达到一定期限才能播种，以免对苜蓿产生药害。

4. 播前除草剂土壤处理

土壤处理即是在杂草未出苗前，将除草剂喷洒于土壤表层或喷洒后通过混土操作将除草剂拌入土壤中，建立起一层除草剂封闭层，也称土壤封闭处理。施用时期为耕翻后耙平前，施用土壤处理除草剂，如48%的氟乐灵乳油、48%地乐胺乳油，防除效果可达90%以上。

土壤处理剂的药效和对作物的安全性受土壤类型、有机质含量、土壤含水量和整地质量等因素影响。由于沙土吸附除草剂的能力比壤土差，所以，除草剂的使用量在沙土地应比壤土地少。从对作物的安全性来考虑，在沙土地除草剂易被淋溶到作物根层，从而产生药害，所以，在沙土地使用除草剂要特别注意，掌握好用药量，以免发生药害。土壤有机质对除草剂的吸附能力强，从而降低除草剂的活性。当土壤有机质含量高时，为了保证药效，应加大除草剂的使用量。土壤含水量对土壤处理除草剂的活性影响极大。土壤含水量高有利于除草剂的药效发挥，反之，则不利于除草剂的药效发挥。在干旱季节施用除草剂，应加大用水量，或在施药前后灌一次水，以保证除草效果。整地质量好，土壤颗粒小，有利于喷施的除草剂形成连续完整的药膜，提高封闭作用。

5. 苗后除草剂茎叶处理

茎叶处理是将除草剂药液均匀喷洒于已出苗的杂草茎叶上。茎叶处理除草剂的选择性主要是通过形态结构和生理生化选择来实现除草保苗的目的。

茎叶处理受土壤的物理、化学性质影响小，可看草施药，具灵活性、机动性，但持续期短，大多只能杀死已出苗的杂草。有些苗后处理除草剂的除草效果受土壤含水量影响较大，在干旱时除草效果下降。把握好茎叶处理的施药时期是达到良好除草效果的关键，施药过早，大部分杂草尚未出土，难以收到良好效果；施药过迟，杂草对除草剂的耐药性增强、除草效果也下降。

除草剂施药可根据实际需要采用不同的施用方式，如满幅、条带、点片、定向处理。在牧草生长期施用灭生性除草剂时，一定要采用定向喷雾，通过控制喷头的高度或在喷头上装一个防护罩，控制药液的喷洒方向，使药液接触杂草或土表而不触及作物。如在苜蓿地施用草甘膦。

6. 主要化学除草剂介绍

（1）氟乐灵（trifluralin）

防除原理：氟乐灵为选择性芽前除草剂，不能抑制休眠种子发芽，对已出土的杂草也无效。持效期为3～6个月。

适用作物：苜蓿等豆科牧草。

剂型：48%乳油、2.5%、5.0%颗粒剂。

防除对象：可防除一年生禾本科杂草及种子繁殖的多年生杂草和某些阔叶杂草如稗草、大画眉、马唐、早熟禾、千金子、牛筋草、雀麦、看麦娘、狗尾草、蟋蟀草、野燕麦、雀舌草、藜、苋菜、马齿苋、繁缕、萹蓄、蓼、蒺藜等。对三棱草、苍耳、龙葵、苘麻、蓼、曼陀罗、芦苇、白茅、狗牙根、香附子、蓟、旋花等宿根性多年生杂草防效差或基本无效。对成株杂草无效。

使用方法：在苜蓿休眠时、刚刚收割之后或播种前，施用48%乳油1 500～2 250ml/hm²，对水600kg/hm²左右，均匀喷雾于土表，并及时混土5～8cm深，5～7d后播种。可与灭草猛、燕麦畏、利谷隆混用。可与苜草净、苯达松、拿捕净、盖草能等苗后处理剂配合使用。

注意事项：施药到混土的时间不要超过6h。

（2）地乐胺（butralin）

防除原理：地乐胺为选择性芽前除草剂。

适用作物：苜蓿等豆科牧草。

剂型：48%乳油。

防除对象：可防除种子繁殖的一年生禾本科及小粒种子的阔叶杂草，如马唐、稗草、狗尾草、蟋蟀草、苋、马齿苋、藜等。对菟丝子也有较好的防除效果。

使用方法：在苜蓿播种或播后苗前，施用48%乳油3 000～3 750ml/hm²，对水600kg/hm²左右，均匀喷雾于土表，并及时混土5～7cm深。可与利谷隆、莠去津混用。

（3）灭草猛（灭草丹、卫农，vernolate）

防除原理：灭草猛为芽前土壤处理除草剂，在土壤中持续期1～3个月。

适用作物：苜蓿等豆科牧草。

剂型：70%、88%乳油、5%、10%颗粒剂。

防除对象：可防除一年生禾本科杂草、阔叶杂草和莎草，如稗草、看麦娘、狗尾草、马唐、香附子、油莎草、蟋蟀草、粟米草、猪毛菜、苋、藜、马齿苋、苘麻、莎草等。

使用方法：在播前或播后苗前，施用88%乳油2 250～3 000ml，对水600kg/hm²左右，均匀喷雾于土表。施药后立即混土，混土5cm深，混土后可播种。可与氟乐灵等混用。

（4）普施特（普杀特，imazethapyr）

防除原理：普施特为内吸传导选择性除草剂。

适用作物：苜蓿等豆科牧草。

剂型：5%、10%水剂。

防除对象：可防除禾本科、莎草科和阔叶杂草。

使用方法：播前或播后苗前，施用5%水剂1 500～2 250ml/hm²，对水600～900kg/hm²

左右，均匀喷雾于土表。

注意事项：要求土壤墒情好，若太干可浅混土。

（5）苜草净（咪唑乙烟酸，lmazet hapy）

防除原理：咪唑乙烟酸利用豆科植物的低敏感度，通过对其他高敏感植物乙酰乳酸酶合成的影响，达到抑制杂草生长的效果。在苜蓿播前、播后苗前、苗后早期、牧草收割后都可使用。为苜蓿田的专用除草剂，具有广谱性，能防治苜蓿田大部分杂草；安全性，添加专用安全剂，解决了对苜蓿的安全性问题。

适用作物：苜蓿、甘草、黄芪等。

剂型：5%水剂。

防除对象：可防除稗草、一年生沙草、狗尾草、马唐、千金子等单子叶杂草，酸模叶蓼、藜、马齿苋、反枝苋、苍耳、龙葵、苘麻阔叶杂草，对多年生刺儿菜、蓟、苣荬菜有抑制作用。

使用方法：在苜蓿苗期，杂草3～5叶期施用，推荐使用剂量为1 500～1 950g/hm²，对水150～450kg/hm²均匀喷雾。超过2 250g/hm²会对苜蓿幼苗有轻微药害，但不影响生长，对收割后的牧草则完全没有影响。如苜蓿田间阔叶杂草为主，可单用苜草净。如田间以禾本科杂草为主或禾本科杂草密度很大，可混配禾草克、拿捕净、禾草灵等专除禾本科杂草除草剂。

注意事项：要求土壤墒情好，土壤相对湿度70%～90%，空气湿度60%～70%时施药为好。

（6）2,4-滴丁酸（2,4-DB，bexone）

防除原理：2,4-DB为选择性传导性激素型除草剂，对豆科牧草安全。

剂型：40%乳油、胺盐。

适用作物：适用于禾本科牧草和苜蓿等豆科牧草。

防除对象：可防除藜、苋、蓼、苍耳、豚草、田旋花等阔叶杂草。

使用方法：在苜蓿株高10cm左右时，用40%乳油450～2 250ml/hm²，对水600～750kg/hm²，均匀喷雾于杂草茎叶。可与二甲四氯混用。

（7）苯达松（灭草松，bentazone）

防除原理：苯达松为选择性触杀型除草剂。

剂型25%、48%水剂、48%乳油、50%可湿性粉剂。

适用作物：禾本科、豆科牧草。

防除对象：可防除苍耳、蔓陀罗、芥菜、苋、马齿苋、苦苣菜、蒿、繁缕、猪秧秧、婆婆纳、蓼、苘麻、鬼针草、荠菜、野胡萝卜、野西瓜、豚草、鼠曲、加拿大蓬等多种阔叶杂草，对豆科杂草防效差，对禾本科杂草基本无效。

使用方法：在阔叶杂草2～5叶期，用25%水剂2 250～3 750ml/hm²，对水450kg/hm²

左右，均匀喷雾于杂草茎叶。可与2，4-D、二甲四氯等混用，还可与磷酸钙肥料混用。

（8）稳杀得（fluazifop）

防除原理：稳杀得为选择性内吸传导除草剂，在土壤中残留期为1～2个月。

剂型：15%、35%乳油。

适用作物：苜蓿等豆科牧草。

防除对象：可防除多种多年生和一年生禾本科杂草，如稗草、马唐、狗尾草、野燕麦、看麦娘、双穗雀稗、狗牙根、蟋蟀草、芦苇、臂形草、龙爪茅、毒麦、宿根高粱、白茅等，也可用于非耕地灭生性除草。对阔叶杂草无效。

使用方法：在一年生禾本科杂草2～5叶期（株高5～15cm），用35%乳油600～1 125ml/hm²，对水450kg/hm²左右，均匀喷雾于杂草茎叶。对多年生禾本科杂草用35%乳油1 125～1 875ml/hm²。不宜与2,4-D、二甲四氯混用，也不宜与百草枯等快速灭生性除草剂混用。

注意事项：稳杀得具有迟效性，不要在1～2周内效果不明显时重喷二次药。

（9）盖草能（haloxyfop）

防除原理：盖草能为选择性内吸传导除草剂，在土壤中的残效期较长。

剂型：12.5%、24%乳油。

适用作物：苜蓿等豆科牧草。

防除对象：可防除马唐、稗草、牛筋草、千金子、早熟禾、雀麦、匍匐冰草、野燕麦、狗牙根、双穗雀稗、阿拉伯高粱、画眉、白茅等一年生及多年生禾本科杂草。对阔叶杂草和莎草科杂草无效。

使用方法：一年生禾本科杂草用12.5%乳油600～750ml/hm²；多年生禾本科杂草用12.5% 750～1 500ml/hm²，均兑水450kg/hm²左右，均匀喷雾于杂草茎叶。与苯达松、杂草焚混用还能防除苜蓿田阔叶杂草。

注意事项：切勿喷到邻近的禾本科作物上，以免产生药害。

（10）拿捕净（sethoxydim）

防除原理：拿捕净为选择性内吸传导型除草剂。

剂型：20%、50%乳油、12.5%机油乳剂、50%可湿性粉剂。

适用作物：苜蓿等豆科牧草。

防除对象：可防除一年生和多年生禾本科杂草，如看麦娘、野燕麦、雀麦、马唐、稗草、蟋蟀草、狗尾草、黑麦草、黍、大麦属、小麦属、匍匐冰草、狗牙根、臂形草、白茅、阿拉伯高粱等，对阔叶杂草、莎草属、紫羊茅、早熟禾无效。

使用方法：一年生和多年生禾本科杂草2～7叶期，用20%乳油1 000～3 000ml，兑水375kg/hm²左右，均匀喷雾于杂草茎叶。可与苯达松或杂草焚配合使用，但不能混用，要间隔一天后分次用。

注意事项：施药当天即可播种阔叶作物，1个月可播种禾本科牧草。

（11）禾草克（喹禾灵，quizalofop）

防除原理：禾草克为选择性内吸传导除草剂。

剂型：20%、25%、50%胶悬剂、10%乳油。

适用作物：苜蓿等豆科牧草。

防除对象：防除多种一年生、多年生禾本科杂草，如野燕麦、看麦娘、狗牙根、蟋蟀草、画眉草、秋稷、千金子、芦苇、稗草、狗尾草、马唐、阿拉伯高粱、冰草等。对阔叶植物很安全，对莎草科杂草和阔叶杂草无效。

使用方法：防除一年生禾本科杂草用10%禾草克乳油600～1 125ml/hm²；防除多年生禾本科杂草用10%禾草克乳油1125～1 875ml/hm²，均对水525kg/hm²左右，均匀喷雾于杂草茎叶。防多年生禾本科杂草，将上述用量分两次喷施，可提高药效。与苯达松等除草剂混用时有轻微拮抗作用。

注意事项：土壤干燥，杂草生长缓慢，施用时适当增加用量。

（12）鲁保一号

防除原理：鲁保一号是专为防治菟丝子的微生物除草剂。菟丝子危害如图1-25、图1-26所示。

剂型：粉剂。

适用作物：苜蓿。

防除对象：可防除菟丝子。

使用方法：在菟丝子缠绕苜蓿3～5棵时，使用浓度一般为喷洒液含活孢子2 000万～3 000万个/ml。

注意事项：鲁保一号菌粉和配好的菌液不得在日光下暴晒。不得与杀菌剂混用。

图1-25　菟丝子　　　　　　　　　　图1-26　菟丝子田间危害情况

（13）草甘膦（镇草宁，农达，glyphosate）

防除原理：草甘膦为非选择性慢性内吸传导型除草剂。百合科、豆科、阔叶深根杂草对草甘膦有抗性，对未出土的杂草无效，持效期半年左右。

剂型：10%、20%水剂、50%可溶性粉剂。

适用作物：苜蓿、草坪、草场更新和灭生性除草。

防除对象：可防除多种出苗后的一年生、两年生和多年生的禾本科杂草、莎草、阔叶杂草、藻类、蕨类和灌木，对多年生禾本科杂草狗牙根、双穗雀稗、白茅、芦苇和多年生香附子和苣荬菜等有特效。百合科、豆科、阔叶深根杂草对本剂抗性较大。

使用方法：在苜蓿6叶期后，一年生杂草用10%水剂4.5~15kg/hm^2，多年生杂草用10%水剂15~37.5kg/hm^2，对水450kg/hm^{2}左右，均匀喷雾于杂草茎叶。

注意事项：施药后1~4d可播种。喷药后6h内遇雨应补喷。

7. 打药机械

除草剂一般用悬挂式打药机，通常喷幅为12m和24m，如图1-27所示。大型喷灌、滴灌可利用施肥打药灌，将除草剂、农药等随水施入。现在也有无人机和植保专用飞机喷施农药。如图1-28所示。

图1-27　悬挂式打药机

图1-28　无人机打药

8. 苜蓿田间杂草综合防治策略

苜蓿播种当年幼苗生长缓慢，最易受杂草危害，特别是春播和夏播苜蓿，夏季刈割后，雨热同季，杂草生产迅速，导致苜蓿产量和价值的降低。苜蓿田防治杂草主要措施是在播种前进行土壤处理防止杂草萌发，如在前茬地上有大量杂草时，首先用草甘膦等灭生性除草剂清除杂草，然后深翻耕；结合耙地控制播种当年苗期杂草，可喷施氟乐灵或地乐胺等土壤处理剂，防止一年生禾本科杂草和部分阔叶杂草种子萌发；在苗期后出现的杂草一般采取喷施广谱性除草剂（如苢草净）和选择性除草剂（如拿捕净、禾草克、禾草灵等）处理；若非毒害草，在苜蓿株高50cm以上或接近收获时，采取刈割处理来防控杂草。

四、病害防治

苜蓿病害主要有苜蓿褐斑病、霜霉病、白粉病、锈病、匍柄霉叶斑病、花叶病、春季黑茎病、黄萎病、炭疽病、菌核病和根腐病等30余种，大范围发生并引起灾害性损失的主要有褐斑病、霜霉病、白粉病和根腐病。苜蓿其他病害请参见《苜蓿草产品生产技术手册》。

1. 苜蓿褐斑病

分布：属世界性病害，我国普遍分布，发病时尽管不造成植株死亡，但叶片脱落会造成长势变弱，产量损失可达40%以上，质量严重下降，已成为苜蓿常发性、危害性最大的病害。湿润条件下易发生此病。

症状：首先从植株下部叶片发病，在感病叶片正面出现褐色至黑色的圆形小病斑，病斑互相不合并，边缘整齐，后期病斑中央形成的浅褐色盘状增厚，叶片变黄，提前脱落。

防治：选择抗褐斑病的适宜品种，如中兰1号等；控制适合的种植密度，防止田间植株过于密闭，造成发病条件；加强田间病害监测，在感病叶片脱落前适时提前刈割，并及时清出田间，减轻下茬苜蓿发病程度；药剂防治：在发病初期，选用50%多菌灵（carbendazim）可湿性粉剂600倍、70%代森锰锌（大生）可湿性粉剂600倍、75%百菌清（达克宁）可湿性粉剂500倍进行喷雾。

2. 苜蓿霜霉病

分布：我国普遍分布，特别在早春阴湿条件下易发生，对第一茬产量造成严重损失；也会导致秋天种植的苜蓿死亡或不能越冬，是一种危害较大的病害。18℃是发病最适宜温度，有春季和秋季两个发生高峰期，春季较重。

症状：感病植株通常退绿矮缩，枝条变粗，顶端叶片簇生扭曲，叶片正面出现绿斑，叶背部有污白色至紫色霜状霉层，叶片边缘下卷。

防治：选择抗霜霉病苜蓿品种，如中兰1号、新牧4号、新牧2号、图牧1号等；避免在感病地秋季种植苜蓿；加强田间病害监测，适时提前刈割第一茬苜蓿，并及时清出田间；田间控制灌水间隔、次数，防止田间湿度过大造成发病条件；药剂防治：在发病初期，选用70%代森锌（zineb）可湿性粉剂600倍液、40%三乙膦酸铝可湿性粉剂300倍、75%百菌清可湿性粉剂500倍、80%烯酰吗啉水分散粒剂2 000倍进行喷雾防治。

3. 苜蓿白粉病

分布：我国广泛分布，多在北方干旱区发生，通常在秋季对苜蓿造成危害，严重时会造成毁灭性损失。温暖、昼夜温差大、湿润条件下易发生此病。

症状：发病初期叶背面有絮状白色霉层，正面不规则褪绿斑，斑点逐渐汇合，叶片变黄；严重时叶片两面、茎、叶柄、荚果等部位及整株都能产生白色粉霉，霉层呈绒毡状，生长后期霉层中出现淡黄、橙色至黑色的小点，为越冬休眠体。

防治：加强田间病害监测，开始发病尽快提前刈割，及时清出田间；药剂防治：在发病初期，选用15%三唑酮可湿性粉剂1 000倍、12%腈菌唑乳油2 500倍、25%已唑醇悬浮剂7 500倍、36%甲基硫菌灵悬浮剂1 500倍喷雾防治1~2次。

4. 根腐病

分布：全国普遍发生，是以苜蓿镰刀菌和丝核菌为主的多种病原菌侵染的毁灭性病害。东北、华北地区发生相对较重，在苜蓿生长各时期均可造成严重危害。田间积水和土壤湿度过大易发生，发病苜蓿常在越冬时死亡。

症状：苗期全株叶片发黄至红褐色，发病初期根毛和胚根上出现黄褐色小病点，病逐渐向根尖和茎基部扩展。成株期典型症状是皮层组织至木质部变为黄色至褐色，根茎和根的中柱黑色腐烂，根茎和根中部变空，分枝减少，侧根大量腐烂死亡。

防治：选用抗病品种；保证土地平整，控制灌水量，防止田间积水；增室钾肥，提高根部生长长势。

五、虫害防治

苜蓿害虫主要有蚜虫类、蓟马类、盲蝽类、蛾类、金龟甲类、苜蓿象甲类等六大类100多种。目前常发、成灾的有苜蓿斑蚜、豌豆蚜、牛角花齿蓟马、苜蓿盲蝽、苜蓿叶象甲等。东北、西北地区苜蓿蚜虫、盲蝽普遍发生，草地螟周期性暴发；西北地区干旱少雨，苜蓿蓟马、蚜虫危害突出；新疆地区苜蓿叶象甲危害严重；黄土高原地下害虫金龟甲、拟步甲随着苜蓿种植年限的增加种群迅速增长，已成为主要害虫。苜蓿其他虫害请参见《苜蓿草产品生产技术手册》。

1. 蚜虫

分布：全国普遍分布的常发性害虫，常见豌豆蚜、苜蓿无网长管蚜、苜蓿斑蚜和苜蓿蚜4种，主要在苜蓿生长早中期危害，严重时造成苜蓿产量损失达50%以上。干旱年份、植株稀疏易大发生。苜蓿豌豆蚜和蚜虫天敌瓢虫如图1-29、图1-30所示。

防治：选用抗蚜虫品种，如甘农5号等；保护瓢虫等天敌，发挥生物防治作用；及时刈割可避免蚜虫高峰期危害，降低下茬的虫口基数；药剂防治：于蚜虫发生期，在天敌数量较少时，选用5%吡虫啉乳油2 000倍液喷雾防治；天敌数量较多时，选用15 000IU/mg苏云金杆菌水分散粒剂1 000倍喷雾防治。

图1-29 苜蓿豌豆蚜

图1-30 蚜虫天敌瓢虫

2. 蓟马

分布：全国普遍分布的最具危险性的害虫，主要有牛角花齿蓟马、苜蓿齿蓟马、普通蓟马、烟蓟马、花蓟马和大蓟马等十余种，以牛角花齿蓟马为优势种的混合种群危害；对苜蓿干草产量造成20%以上的损失，种子产量减少50%以上。蓟马主要取食叶芽和花，在初花期危害严重。蓟马属微体昆虫，个体细小，长度0.5～1.5mm，成虫灰色至黑色，需拍打苜蓿枝条到白纸上肉眼才可见。

防治：选用抗蓟马品种，如甘农9号、草原4号、甘农5号、龙牧803等；在现蕾末期刈割可有效避免蓟马危害；药剂防治：株高大于25cm时，选用0.5%藜芦碱可溶性液剂1 000倍、1%苦参碱可溶性液剂1 500倍、4.5%高效氯氰菊酯乳油1 500倍喷雾防治。注意要在早晨或傍晚蓟马活动盛期进行喷药，药剂交替使用，防害虫产生抗药性。

3. 夜蛾

分布：我国广泛分布的杂食性害虫，在苜蓿地夜蛾类害虫最为常见，具偶发性，年度间发生轻重差别较大，常以二代幼虫在8～9月局部暴发，幼虫暴食叶片，造成较大损失。幼虫体长40mm左右，头部黄褐色，体色变化很大，一般为黄绿色，上有黑色纵纹，腹面黄色。夜蛾类幼虫危害苜蓿如图1-31、图1-32所示。

防治：发生初期适时刈割或选用15 000IU/mg苏云金杆菌水分散粒剂35g/亩、2.5%高效氯氰菊酯乳油1 500倍等药剂喷雾防治。

图1-31 夜蛾幼虫

图1-32 叶片危害症状

第五节　苜蓿收获

在我国华北、东北、西北等大部分地区种植的苜蓿，一般春季第一茬苜蓿长势好、产量高、无杂草，能收获最理想的商品干草；以后逐渐进入夏季，多阴雨天气，第二、第三茬收获遇雨淋概率很大，且在收获期有7~10d的晴天概率很小，难以调制苜蓿干草，而青贮成为这时苜蓿生产的主要方式。

苜蓿半干青贮是最普遍的方式，因青贮方式不同，分为田间捡拾粉碎后的压窖青贮或拉伸膜裹包青贮和田间打捆后的拉伸膜裹包青贮两种。苜蓿半干青贮收获的生产流程，如图1-33所示。

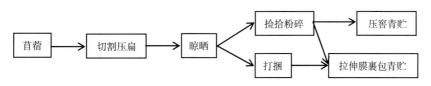

图1-33　苜蓿半工青贮收获的生产流程

大面积苜蓿种植者，根据当地气候特点、种植面积、收获机械配置数量等情况，提前做好一年的收获计划。制订收获计划要考虑的因素如下：

①确定一年收获的次数，黄淮海地区青贮可收获6~8次；

②每一茬的生长天数（生长积温），25~30d收获一次，制作干草或青贮；

③植株高度（叶片13层），株高80cm左右即可收割；

④花蕾的生理期，最佳收获期是现蕾到初花期；

⑤天气状况，主要看降雨的中长期预报，收获青贮需要5~7d无雨，收获干草需要7~10d无雨；

⑥土地干湿程度，遇上干旱迫不得已必须浇水的时候，就会影响苜蓿的及时收获。

很多因素要根据实际情况取舍，如临近收获期，遇蚜虫危害或杂草严重，就要提前收获。

一、刈割

1. 刈割时期选择

饲喂奶牛、猪、鸡等的最佳收获期是现蕾期，饲喂肉牛、羊等最佳收获期是初花期。因此，苜蓿最适宜刈割时期是现蕾初期—初花期，或根茎上长出大量新芽阶段，或植株高度在80cm左右。此时刈割营养物质含量高，再生性较好，可保证苜蓿草产量与质量处于较高水平。刈割时间过早，会影响苜蓿产量；刈割时间过晚，苜蓿粗蛋白含量下降，中性洗涤纤维素与酸性洗涤纤维素含量增加，相对饲喂价值下降（表1-16）。

表1-16 苜蓿不同刈割时期质量指标比较

生育期	粗蛋白CP（%）	酸性洗涤纤维ADF（%）	中性洗涤纤维NDF（%）	相对饲喂价值RFV
现蕾前期	23	28	38	164
现蕾期	20	30	40	152
初花期	18	33	43	137
中花期	17	35	46	125
盛花期	16	41	53	100
结荚期	14	43	56	92

2. 收割次数

在华北地区，如收获苜蓿干草，平均35～40d刈割一次，年刈割4～5次；如收获苜蓿青贮，平均25～30d刈割一次，年刈割6～8次。

3. 留茬高度

苜蓿收割时，留茬高度5～8cm为宜。留茬高度首先影响产草量，其次影响再生草的生长速度和质量。低则伤及根茎，减少分枝；高则影响苜蓿产量，且所留残茬有碍新枝的生长和下次收割。若留茬高度小于5cm，虽可获得较高产草量，促进再生，但连续低茬刈割会减少苜蓿的利用年限；收获苜蓿用作青贮时，留茬高度8～10cm为宜，可提高青贮品质。最后一次刈割在霜冻来临前的30d左右，且留茬10cm以上，或霜后刈割以使苜蓿根积累充足的碳水化合物越冬，同时保留较多残茬增加土壤覆盖，以利保留积雪，保持土壤水分，减少冬春土壤水分流失。

4. 割草作业

根据苜蓿种植面积、收割机械作业能力，尽量缩短收割作业时间，保证在最适宜时期内完成收获。在雨季刈割可适当调整刈割期，收获干草时要保证刈割后有36～48h田间晾晒（含水量16%～20%），收获半干青贮时要保证12～24h的田间晾晒时间（含水量45%～60%）。阴天可全天刈割，但应避免苜蓿叶片很潮湿情况下刈割，如天气晴朗，刈割作业宜在18：00～24：00进行。有研究表明，傍晚刈割同早上刈割相比，苜蓿的相对饲喂价值（RFV）高出10%，因为植物通常在白天将阳光转化为糖以淀粉形式存储起来，经过一天日晒后，傍晚植物的糖分含量会达到巅峰。

苜蓿在自然干燥过程中茎、叶干燥速度不一致，当叶片含水量达到20%以下时，茎秆的含水量仍然维持35%～40%。董宽虎等（2003）研究表明，在良好的气候条件

下，茎秆压扁后干燥的紫花苜蓿与普通干燥方法相比，前者牧草干物质损失是后者的
1/3～1/2，碳水化合物损失是后者的1/3～1/2，粗蛋白损失是后者的1/5～1/3。为减少
苜蓿叶片的损失及增加对苜蓿茎秆压扁均匀性，应选用带有压扁辊的割草机。利用翘
曲型压扁辊的凸起部分，7.6～10.1cm，压劈茎秆，以快速释放水分。压扁辊的压力
和间隙根据牧草成熟度、产量不同，可以调节，调节范围为0.3～6.6N/mm²，以适应
不同牧草，且不堵塞。压扁辊有光面和凹凸面两种。压扁辊通常是一对表面带槽的钢
棍或橡胶辊，直径约200mm，由动力同时驱动做相对旋转，牧草在两棍间隙通过时被
压扁。压扁辊调整力度的大小会决定苜蓿最终的干燥时间差异，甘肃杨柳青公司在河
西走廊的经验是压扁辊调整的力度在第一茬草时可以适当地松一些，如果压得太紧容
易堵积，但是第二、第三、第四茬草一定要将压力调到最大。压扁辊及压扁效果分别
如图1-34、图1-35所示。

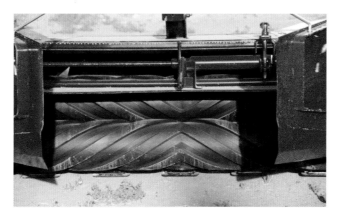

图1-34　橡胶压扁辊

图1-35　苜蓿茎秆压扁情况

此外，刈割时应根据割草机作业幅宽，提前设计好作业路线和掉头方式，减少拖
拉机行走轮对苜蓿的碾压和时间消耗，提高作业效率。

附表1-1 我国育成苜蓿品种审定登记名录（1987—2017年）

序号	品种名称	种名	育种单位名称	登记编号	登记年份	适宜种植区域	品种特性
1	公农1号	紫花苜蓿	吉林省农业科学院畜牧分院	4	1987	东北和华北地区	秋眠级2～3，再生性好，耐寒、病虫害少而轻，适应性广
2	公农2号	紫花苜蓿	吉林省农业科学院畜牧分院	5	1987	东北和华北地区	耐寒性强，病虫害少
3	草原1号	杂花苜蓿	内蒙古农牧学院草原系	2	1987	内蒙古东部、东北和华北地区	秋眠级1，抗寒性强，较抗旱
4	草原2号	杂花苜蓿	内蒙古农牧学院草原系	3	1987	内蒙古、东北、华北和西北地区	抗旱性强，抗寒性强，抗风沙
5	新牧1号	杂花苜蓿	新疆农业大学畜牧分院	14	1988	新疆、甘肃河西走廊、宁夏引黄灌溉地区	秋眠级3，再生速度快，抗寒性强、抗旱性、抗病性较好
6	图牧2号	紫花苜蓿	内蒙古图牧吉草地研究所	77	1991	内蒙古东部和吉林、黑龙江地区	适应性强、抗寒、抗旱性强
7	甘农1号	杂花苜蓿	甘肃农业大学	78	1991	黄土高原北部、西部，山西北部、西部地区和内蒙古中、西部地区	秋眠级1，抗寒性和抗旱性强、适应范围广，再生能力稍差
8	图牧1号	杂花苜蓿	内蒙古图牧吉草地研究所	115	1992	北方半干旱气候地区	抗旱耐瘠薄、耐寒、耐抗霜霉病
9	新牧2号	紫花苜蓿	新疆农业大学畜牧分院草生产育种教研室	131	1993	新疆、甘肃河西走廊、宁夏引黄灌溉地区	再生快、早熟、高产、耐寒、抗旱、感霜霉病轻
10	龙牧801	苜蓿	黑龙江省畜牧研究所	132	1993	小兴安岭寒冷湿润、松嫩平原和半干旱地区	抗寒、耐碱性较强、再生性好、抗蓟马
11	龙牧803	苜蓿	黑龙江省畜牧研究所	133	1993	小兴安岭寒冷湿润、松嫩平原、温和半干旱区、牡丹江半山间温凉湿润区	抗寒、再生性好、抗蓟马、耐盐碱
12	甘农3号	紫花苜蓿	甘肃农业大学	173	1996	西北内陆灌溉和黄土高原地区	返青早、生长快

（续表）

序号	品种名称	种名	育种单位名称	登记编号	登记年份	适宜种植区域	品种特性
13	甘农2号	杂花苜蓿	甘肃农业大学	172	1996	黄土高原、西北荒漠沙质土壤和青藏高原北部边缘地区	根蘖型，扩展性强
14	中苜1号	紫花苜蓿	中国农业科学院畜牧研究所	177	1997	黄淮海平原及渤海一带的盐碱地区	耐盐碱性好、耐旱、耐寒、耐瘠
15	中兰1号	苜蓿	中国农业科学院兰州畜牧与兽药研究所	188	1998	黄土高原半干旱地区	高抗霜霉病、中抗褐斑病和锈病、轻感白粉病，再生能力强，生长迅速
16	新牧3号	杂花苜蓿	新疆农业大学	187	1998	新疆及西北地区	再生速度快、抗寒性强、耐盐性、抗旱性及抗病性较好
17	公农3号	杂花苜蓿	吉林省农业科学院畜牧分院草地研究所	207	1999	东北、西北、华北北纬46°以南，年降水量350~550mm地区	抗寒、较耐旱、返青早、生长旺盛
18	草原3号	杂花苜蓿	内蒙古农业大学、内蒙古乌拉特草籽场	243	2002	北方寒冷干旱、半干旱地区	抗旱、抗寒性强
19	龙牧806	苜蓿	黑龙江省畜牧研究所	244	2002	东北寒冷气候区、西部半干旱区及盐碱土区	抗寒、耐盐碱性能强
20	中苜2号	紫花苜蓿	中国农业科学院北京畜牧兽医研究所	255	2003	黄淮海平原非盐碱地及华北平原和类似地区	较耐质地湿重、地下水位较高的土壤、再生性好、耐寒、抗病虫害好、耐瘠性好
21	甘农4号	紫花苜蓿	甘肃农业大学、甘肃创绿草业科技有限公司	310	2005	西北内陆灌溉区和黄土高原地区	生长速度快、抗寒性和抗旱性中等、适应性强
22	中苜3号	紫花苜蓿	中国农业科学院北京畜牧兽医研究所	321	2006	黄淮海地区轻度、中等盐碱地	返青早、再生速度快、较早熟、耐盐性好

（续表）

序号	品种名称	种名	育种单位名称	登记编号	登记年份	适宜种植区域	品种特性
23	赤草1号	杂花苜蓿	赤峰润绿生态草业技术开发研究所、赤峰市草原工作站	322	2006	北方降水量300～500mm的干旱和半干旱地区	抗寒性、抗旱性较强
24	渝苜1号	紫花苜蓿	西南大学	378	2008	西南等地区	再生力强，耐湿热，抗病，耐微酸性
25	甘农6号	紫花苜蓿	甘肃农业大学	413	2009	西北内陆绿洲灌区和黄土高原地区	属中熟品种，抗旱性，抗寒性中等
26	公农5号	紫花苜蓿	吉林省农业科学院	414	2009	东北和华北地区	抗寒性、抗旱性强
27	中草3号	紫花苜蓿	中国农业科学院草原研究所	416	2009	北方干旱寒冷地区	抗旱性较强，耐寒、持久性较好、生长速度较快，再生性较好
28	新牧4号	紫花苜蓿	新疆农业大学	417	2009	有灌溉条件的南北疆及甘肃河西走廊、宁夏引黄灌区	秋眠级3～4，抗病性强，抗霜霉病、褐斑病能力强，抗倒伏和抗寒性强，返青早、生长速度快
29	东苜1号	紫花苜蓿	东北师范大学	419	2009	东北干旱寒冷地区	再生性好，抗寒性强，抗旱性强
30	龙牧808	紫花苜蓿	黑龙江省畜牧研究所	420	2009	东北、西北、内蒙古等地区	适应性广，生长速度快，再生能力强，抗寒、耐碱性强，抗旱性强
31	甘农5号	紫花苜蓿	甘肃农业大学	421	2009	北纬33°～36°的西北地区	返青早，高抗蚜虫，兼抗蓟马
32	中苜6号	紫花苜蓿	中国农业科学院北京畜牧兽医研究所	422	2009	华北中部及北方类似地区	属中熟品种，耐寒性、耐热性良好，再生性强
33	中草4号	紫花苜蓿	中国农业科学院北京畜牧兽医研究所	438	2011	黄淮海地区及其类似地区	返青早，生长速度快，抗旱性中等
34	公农4号	杂花苜蓿	吉林省农业科学院	439	2011	东北、西北、华北地区	具根蘖特性，抗寒、耐旱、抗病虫害

（续表）

序号	品种名称	种名	育种单位名称	登记编号	登记年份	适宜种植区域	品种特性
35	甘农7号	紫花苜蓿	甘肃创绿草业科技有限公司，甘肃农业大学草业学院	460	2013	黄土高原半干旱、半湿润及北方类似地区	生长速度快，长量高，粗纤维含量低
36	中苜5号	紫花苜蓿	中国农业科学院北京畜牧兽医研究所	463	2014	黄淮海盐渍化地区	耐盐性强，丰产性好
37	草原4号	紫花苜蓿	内蒙古农业大学生态与环境学院	477	2015	华北南部蓟马危害严重地区	抗虫性强，尤其是抗蓟马，抗旱，抗寒，耐瘠薄
38	凉苜1号	紫花苜蓿	凉山彝族自治州畜牧兽医科学研究所/凉山丰达农业开发有限公司	505	2016	西南地区海拔1000～2000m，降水量1000mm左右的亚热带生态区	生长速度快，再生性好，耐热、耐酸，具有高产性能
39	东苜2号	紫花苜蓿	东北师范大学	512	2017	吉林、黑龙江及气候相似地区	再生性好，抗寒性强，抗旱性强
40	沃苜1号	紫花苜蓿	克劳沃（北京）生态科技有限公司	515	2017	华北大部分、西北部分地区	多叶型，抗寒、抗旱，综合抗病性强、再生性好，抗倒伏，耐机械碾压
41	东农1号	紫花苜蓿	东北农业大学	516	2017	东北三省及内蒙古东部地区	抗寒能力强
42	甘农9号	紫花苜蓿	甘肃农业大学	517	2017	我国北方温暖干旱半干旱灌区和半湿润地区	抗蓟马等抗虫性强
43	中兰2号	紫花苜蓿	中国农业科学院兰州畜牧与兽药研究所，甘肃农业大学	519	2017	黄土高原半干旱、半湿润地区及北方类似地区	抗旱能力强
44	中苜8号	紫花苜蓿	中国农业科学院北京畜牧兽医研究所	521	2017	黄淮海盐碱地或华北、华东气候相似地区	耐盐性强，再生性好、高产

附表1-2 茎秆高度和生育期对第一茬紫花苜蓿RFV的影响

最高茎高度（从地表到茎顶部/cm）	营养后期（没有花蕾出现）	现蕾前期（1~2个分枝上出现花蕾）	现蕾后期（2个以上分枝出现花蕾）	开花前期（1个分枝上出现花）	开花后期（2个以上分枝开花）
41	234	220	208	196	186
43	229	215	203	192	182
46	223	211	199	188	178
48	218	206	195	184	175
51	213	201	191	181	171
53	209	197	187	177	168
56	204	193	183	173	165
58	200	189	179	170	161
61	196	185	175	167	158
64	191	181	172	163	155
66	187	178	169	160	152
69	184	174	165	157	150
71	180	171	162	154	147
74	176	167	159	151	144
76	173	164	156	148	141
79	169	161	153	146	139
81	166	158	150	143	136
84	163	155	147	140	134
89	156	149	142	135	129
91	154	146	139	133	127
94	151	144	137	131	125
97	148	141	134	128	123
99	145	138	132	126	121
102	142	136	130	124	118
104	140	133	130	124	118
107	137	131	125	120	114
109	135	129	123	118	113
112	132	126	121	116	111
114	130	124	119	114	109
117	128	122	117	112	107
119	126	120	115	110	105
122	123	118	113	108	103

附表1-3　氮、磷、钾肥有效成分含量及注意事项

肥料名称	N（%）	P$_2$O$_5$（%）	K$_2$O（%）	施用注意事项
碳酸氢铵	16.8～17.5			不适合作为种肥，在低温季节或一天中气温较低的早晚施用
硫酸铵	20～21			生理酸性肥料，不能与碱性肥料混施，长期施用易使土壤板结，应配合施用有机肥和石灰，还含有24%的S
氯化铵	24～26			长期施用造成土壤大量脱钙，易引起土壤板结，应配合石灰和有机肥
硝酸铵	34～35			一般不作为底肥和种肥
尿素	45～46			宜作为追肥，作为种肥时需与种子距离3～5cm，否则会烧苗
过磷酸钙		12～20		最适作为底肥，不能与碱性肥料混合施用，粉碎后施用，还含有25.2%～29.4%的CaO和12%的S
重过磷酸钙		42～48		最适作为底肥，不宜作为种肥，不能与碱性肥料混合施用，粉碎后施用，还含有16.8%～19.6%的CaO
钙镁磷肥		12～18		不能与酸性肥料混合施用，含有8%～20%MgO和25%～38%的CaO
硫酸钾			48～52	酸性土壤中宜配合施用石灰
氯化钾			50～60	透水性差的盐碱地不适用，作为底肥或追肥施用都应早施，酸性土壤宜配合施用石灰
磷酸二铵	18	46		最适作为底肥，不与碱性肥料混施，适宜在石灰质土壤施用
磷酸一铵	11～13	51～53		同磷酸二铵
磷酸氢二钾		52	32～34	追施效果好

注：引自李向林等，2011；

养分换算公式：P的量=P$_2$O$_5$的量×0.44；

K的量=K$_2$O的量×0.83；

N的量=NO$_3^-$的量×0.23；N的量=NH$_4^+$的量×0.78；

肥料施用量的计算方法：将养分施用量除以肥料养分含量就得到肥料施用量

附表1-4 钙、镁、硫肥有效成分含量及注意事项

肥料名称	CaO（%）	MgO（%）	S（%）	施用注意事项
生石灰	90～96			最好在无风天气施用，或顺风撒施，连年施用会影响微量元素的吸收
熟石灰	70			适合作为底肥，不可与铵态氮肥、水溶性磷肥、钾肥和微肥混施
氯化钙	47			适宜叶面喷施
硫酸镁		13～16	17～21	可作为底肥、追肥，叶面喷施效果显著
硝酸钙	23			不可与硫酸钾混用，与铵态氮肥混施会导致铵离子与钙离子拮抗，晴天时叶面喷施，植物利用率高
硝酸镁		15.7		不可与有机物和易燃物同储，适宜喷施
石膏			18.6	底肥最佳，结合灌排深施，起到洗盐作用
亚硫酸氰铵			17～33	液体肥料，随水灌施，遇热易分解
硫代硫酸铵			26～43	液体肥料，随水灌施，遇热易分解

注：引自李向林等，2011；

　　养分换算公式：P的量=P_2O_5的量×0.44；

　　　　　　　　　K的量=K_2O的量×0.83；

　　　　　　　　　N的量=NO_3的量×0.23；N的量=NH_4^+的量×0.78；

　　肥料施用量的计算方法：将养分施用量除以肥料养分含量就得到肥料施用量

第二章　苜蓿青贮调制技术

随着青贮技术的发展，世界上畜牧业发达国家都把青贮饲料产业的发展作为保障畜牧生产的重要技术措施。西方发达国家不仅重视青贮饲料的产量，还特别重视青贮饲料质量的提高。青贮饲料具有营养丰富气味香、柔软多汁易消化、运输方便耐贮存、一年四季能饲喂等优点。随着牛羊舍饲养殖及规模化养殖产业的发展，草食动物赖以生存的饲料已由夏季吃青草、冬季食干草逐渐转变为一年四季可保障草食动物均衡营养的青贮饲料。青贮技术的推广及青贮饲料的应用已被证明可有效缓解我国大部分地区存在的家畜秋冬季日粮不足问题并缓解草畜矛盾，还能有效提高被饲喂草食动物的生产性能。一个多世纪以来，青贮技术日趋成熟并广泛应用于世界各国畜牧业生产并取得了显著成效。

紫花苜蓿营养丰富，其蛋白含量高、维生素及矿物质元素丰富、氨基酸平衡，是一种优良的保健饲料。目前，苜蓿生产的主要产品是干草，但是在我国大部分地区苜蓿干草的调制过程中都存在雨淋、落叶等损失，一般损失率在30%左右。特别是在苜蓿的主产区，由于雨水与热量同期，苜蓿收获季节遭雨淋的损失概率很高，苜蓿难以晒制成优质干草，采用烘干的办法生产脱水苜蓿几乎不受雨季影响，能够生产高质量的草产品，但由于所需设备价格昂贵，只能在有限的范围应用。为此，采用苜蓿青贮是当前我国解决上述问题较为理想的措施。

第一节　苜蓿青贮原理

一、青贮原理

青贮的基本原理是利用新鲜牧草或饲料作物切碎后，在隔绝空气的环境中，利用植物细胞和好气性微生物的呼吸作用，耗尽氧气，造成厌氧环境，乳酸菌快速繁殖，将青贮原料中的碳水化合物（主要是糖类）转变成以乳酸为主的有机酸，随着青贮天数的延长，青贮原料中乳酸不断积聚，当乳酸积累到0.65%~1.30%（优质青贮料可以达1.5%~2.0%）时，大部分微生物停止繁殖。由于乳酸不断累积，随之酸度增强，pH值下降到4.2以下，最后连乳酸菌本身也受到抑制，发酵停止，进而使饲料得以长期保存（Wan，2007；Bhandari，2007）。

二、青贮发酵过程

饲草料青贮后，在厌氧条件下能够生长的微生物（乳酸菌、肠杆菌、梭菌、一些杆状菌、酵母菌）开始增殖，竞争营养物质。最初几天的变化决定着后来发酵的成功与否。如果条件适宜，乳酸菌会迅速繁殖，产生大量乳酸，降低青贮饲料的pH值，最终获得优质的青贮饲料。如果pH值不能迅速降低，有害微生物（主要是肠杆菌、梭菌和酵母菌）会与乳酸菌竞争营养物质，而且由于它们的产物不利于原料的贮存，会使青贮饲料的品质变差。虽然酵母菌和杆状菌在促进发酵中不重要，但它们能协同作用，导致好氧变质。

青贮发酵是一个复杂的微生物活动和生物化学变化的过程。青贮发酵过程与多种微生物有关，现已查明，大约有47属140种的细菌、酵母菌以及霉菌等参与青贮发酵。根据微生物的活动，一般将青贮过程分为四个阶段，即有氧呼吸阶段、厌氧发酵阶段、稳定阶段和有氧变败阶段，整个发酵过程温度，pH值及主要起作用的微生物变化过程如图2-1所示。对于苜蓿来说因其蛋白含量较高，其缓冲能力较高，使得苜蓿青贮的pH值很难达到一般饲料水平（pH值低于4）。

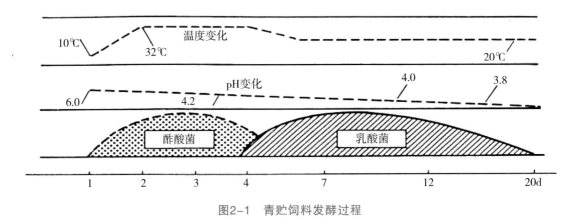

图2-1 青贮饲料发酵过程

苜蓿从封埋到起窖，大体经过以下几个阶段。

（一）有氧呼吸阶段

此阶段主要的生物化学过程是植物呼吸、植物酶的降解作用和好氧微生物的活动。新鲜苜蓿原料在切碎下窖后，因容器中仍残存有空气，植物细胞并未立即死亡，在1~3d内仍进行呼吸，分解有机质，直至窖内氧气耗尽呈厌氧状态时，才停止呼吸。在此期间，附着在原料上的好气性微生物如酵母菌、霉菌、腐败菌和醋酸菌等，利用植物中的可溶性碳水化合物等，进行生长繁殖，消耗养分。如果窖内残氧量过多，植物呼吸时间过长，好气性微生物活动旺盛，会使窖温升高，有时高达60℃左右，从而妨碍乳酸菌与其他微生物的竞争能力，使青贮饲料营养成分遭到破坏，降低其消化率和利用率。因此，在制作青贮饲料时，缩短下窖时间、踩实压紧、排除青贮料间隙的空气，对促进乳酸发酵及获得较高品质的青贮饲料具有十分重要的意义（Donald，2004）。

（二）厌氧发酵阶段

当经过有氧呼吸阶段，青贮容器中氧气消耗殆尽后，厌氧环境形成，乳酸菌迅速繁殖，是此阶段发挥主要作用的微生物，少量梭菌等厌氧菌与乳酸菌竞争利用青贮原料中水溶性糖等营养物质而生长繁殖。在青贮的原料能满足青贮的基本要求且有适宜的乳酸菌种类和数量时，乳酸菌能够迅速发酵产生大量乳酸，降低青贮料pH值，进而抑制其他腐败微生物的繁殖，更多地保存青贮饲料的营养价值。一般发酵初期以球菌繁殖为主，随着pH值的下降其繁殖能力减弱，接着耐酸的乳酸菌的繁殖占主导地位，进一步降低pH值。厌氧发酵阶段为青贮最关键的阶段，该阶段的时间长短因青贮原料以及温度等不同而产生差异。正常青贮时，乳酸发酵阶段需2~3周。在此阶段和乳酸菌竞争的厌氧性微生物主要是丁酸菌，如果青贮原料中糖分过少，乳酸量形成不足，或者虽然有充足的糖分，但原料水分太多或者窖温偏高，都可能导致丁酸菌发酵，品质降低。

（三）发酵稳定阶段

当青贮料pH值降低到4.2时，由于没有氧气的供应，有害微生物，如酵母菌、霉菌和肠道菌等好氧菌的生长受到限制，厌氧性梭菌等厌氧菌也因pH值较低而处于休眠状态，只有耐酸性较好的乳酸菌，如布氏乳杆菌、植物乳杆菌等大量存活。随着青贮料中乳酸含量逐渐积累，直到pH值进一步下降到3.8以下时，乳酸菌本身也受到抑制，此时青贮料所有生物化学过程都完全停止，青贮进入稳定状态，只要厌氧和酸性环境不变，就可以长期保存。

（四）有氧腐败阶段

在青贮料的取用阶段，由于接触到氧气，酵母菌、霉菌等好氧性微生物活跃，使青贮料温度升高、品质变坏。在此阶段，酵母菌等以青贮料发酵产生的乳酸或乙酸为代谢底物进行活动，使青贮饲料pH值升高，此外，空气中的氧气也促使霉菌生长，进而造成青贮料变质发霉。

二、青贮发酵体系中的有益微生物

乳酸菌是青贮发酵体系中发挥主要作用的一类有益微生物，其数量和种类的多少决定着青贮品质的好坏。它是一类革兰氏阳性、过氧化氢酶阴性，发酵水溶性碳水化合物产生乳酸、乙酸、细菌素和过氧化氢等物质的细菌的统称。根据发酵产物的不同，乳酸菌可分为专性同型发酵乳酸菌、兼性异型发酵乳酸菌和专性异型发酵乳酸菌三大类。专性同型发酵乳酸菌只利用六碳糖（葡萄糖）发酵产生乳酸，如瘤胃乳杆菌和有害戊糖片球菌等；兼性异型发酵乳酸菌可利用六碳糖或五碳糖（戊糖）产生乳酸、乙酸、CO_2、乙醇等，如植物乳杆菌，戊糖片球菌、乳酸片球菌、戊糖乳杆菌、屎肠球菌等；专性异型发酵乳酸菌只利用五碳糖产生乳酸、乙酸、CO_2、乙醇等，如明串珠菌、短乳杆菌和布氏乳杆菌等。乳酸菌发酵使青贮饲料中乳酸达6%（DM），同型乳酸发酵产物中80%为乳酸，且耗能少；而异型乳酸发酵产物中50%左右为乳酸，还产生乙酸、乙醇、二氧化碳和氢气等其他物质，耗能较同型乳酸发酵多。一般而言，同型发酵乳酸菌能更高效地利用原料中的营养物质，减少营养成分的损失。

青贮饲料中常见的乳酸菌有乳杆菌属（*Lactobacillus*）、片球菌属（*Pediococcus*）、乳球菌属（*Lactococcus*）、肠球菌属（*Enterococcus*）、明串珠菌属（*Leuconostoc*）和链球菌属（*Streptococcus*）等（图2-2）。这些乳酸菌生长的温度范围变化非常大，能够在5～50℃的范围生长，最适生长温度为20～40℃。乳酸菌的典型特征是它们较高的耐酸力。生长的pH值范围是4.0～6.8，有些菌种，如*Pediococcus cerevisiae*在pH值为3.5时也能生长。不同种类乳酸菌能生长和发酵的最低pH值存在差异，可能是由于酶和转运载体的差异造成的。与青贮有关的肠球菌（*Enterococcus faccalis*和*E. faecium*）能在pH 9.6的条件下开始生长，并且能把pH值降到4.0。乳酸杆菌在最初pH值为6.4～6.5的弱酸性基质上生长最好，并且通常把pH值降到比链球菌更低的水平，一些菌种能使pH值降低到3.5。*P.acidilactici*和*P. pentosaceus*有类似的降低pH值特性，适宜的pH值范围是6.0～6.5，它们通常能降低pH值到4.0，然而*P. dainnosus*的最适宜pH值要略低些。

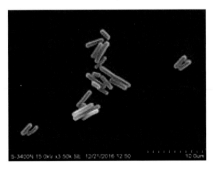

图2-2　乳酸菌（电镜观察）

三、青贮发酵体系中的不良微生物

酵母菌：酵母菌是一类真核、兼性厌氧和非自养型的微生物（图2-3）。酵母菌对青贮饲料的发酵会造成不良影响。在厌氧条件下，酵母菌能发酵糖产生乙醇和CO_2，消耗青贮原料中的水溶性糖，增加干物质损失。青贮饲料中有酵母菌发酵产生的乙醇不仅降低了乳酸发酵所需的糖分，而且对牛奶的风味也会产生影响。有氧条件下，多数酵母菌还会降解乳酸菌发酵产生的乳酸形成CO_2和水，同时产生热量使青贮饲料温度和pH值升高，从而引发其他腐败菌的生长繁殖。青贮起初的几个星期，青贮饲料中的酵母菌数量可达到10^7cfu/g鲜草，而随着青贮发酵时间的延长，酵母菌的数量则会逐渐降低。影响青贮过程中酵母菌数量的主要因素有青贮饲料的厌氧程度及青贮饲料中有机酸的浓度。厌氧程度低则会增加酵母菌的生长，而高浓度的甲酸或乙酸会抑制酵母存活。

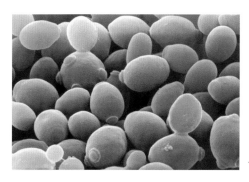

图2-3　酵母菌（电镜观察）

肠杆菌：肠杆菌是一类兼性厌氧菌（图2-4）。大多数肠杆菌被认为是没有致病性的，而在青贮饲料中这些细菌由于和乳酸菌竞争可发酵糖分，并能降解蛋白，所以被认为是一种不良微生物。蛋白的降解不但降低了青贮饲料的营养价值，而且会产生一些有毒的化合物如生物胺和一些支链脂肪酸。生物胺会降低青贮饲料的适口性，同时蛋白降解形成的氨化物增加了青贮饲料的缓冲能，从而抑制青贮饲料pH值的降低。青贮饲料中肠杆菌的一个典型特点是它们能把硝酸盐分解成亚硝酸盐，亚硝酸盐进而可被肠杆菌降解形成氨和N_2O，同时也可被降解形成NO。在空气中NO被氧化成黄棕色的混合气体（NO_2，N_2O_3，N_2O_4）。而NO和NO_2对于肺组织具有损害作用，引发急性肺炎。所以为了防止家畜接触这些有害的气体，不应将青贮池设置在离畜舍较近的地方。但青贮饲料中少量的亚硝酸盐对青贮饲料发酵品质有益，因为亚硝酸盐和NO对梭菌具有很好的抑制作用。

低pH值条件下，肠杆菌的生长受到抑制。所以一些能快速有效降低青贮饲料pH值的措施有助于降低青贮饲料中肠杆菌的生长繁殖。

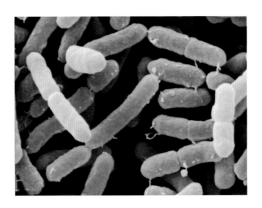

图2-4 肠杆菌（电镜观察）

梭菌：梭菌即梭状芽孢杆菌，是一类能形成内生孢子的厌氧菌，在无氧条件下进行丁酸发酵，大多数梭菌不仅发酵碳水化合物，而且可利用青贮饲料中的各类有机氮化物，产生氨态氮、丁酸和胺等腐败物质，从而造成青贮饲料营养价值下降，并使青贮料有一定的臭味（图2-5）。另外，梭菌对牛奶品质有损害作用。这主要是因为梭菌孢子在通过家畜消化道时仍然存活，进而通过粪便污染乳房和牛奶。耐酸的酪丁酸梭菌（*Clostridium tyrobutyricum*）是奶牛养殖业中一种最常见的梭菌。除了发酵碳水化合物外，酪丁酸梭菌能降解乳酸形成丁酸，H_2和CO_2。

$$2乳酸 \longrightarrow 1丙酸+2H_2+2CO_2$$

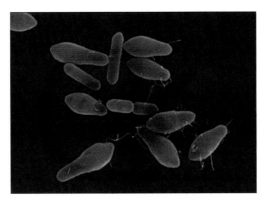

图2-5 梭菌（电镜观察）

饲草青贮时丁酸发酵不但会抑制乳酸发酵，而且一些梭菌能导致严重的健康问题。如一种毒性极强的梭菌是肉毒梭状芽孢杆菌（*Clostridium botulinum*）。这种梭菌能导致肉毒中毒，对家畜有致命危害。但幸运的是这种微生物对酸具有极不耐受性，所以发酵良好的青贮饲料中不容易生长肉毒梭状芽孢杆菌。

典型的梭酸发酵青贮饲料是指青贮饲料中丁酸的含量超过0.5%（DM基础），pH值大于5，青贮饲料中干物质的含量较低且胺化物含量较高。梭菌和肠道菌一样均会受酸性条件的抑制，所以生产实践中科学的青贮方法能够快速有效降低青贮饲料的pH值，从而可防止梭菌的生长和梭酸发酵。另外，梭菌对低水分条件非常敏感，所以青贮前原料的萎蔫，提高青贮原料的干物质含量也是一种防止青贮饲料产生梭酸发酵的一种措施。同时，梭菌也会被青贮饲料中的亚硝酸盐和NO等含氮化合物所抑制。一般而言，pH值在7～7.4，青贮原料水分含量在70%以上时有利于梭菌生长。青贮饲料中梭菌发酵产生氨态氮和丁酸，丁酸产生较难闻的气味，严重影响了家畜的适口性。一般而言，青贮饲料中氨态氮、丁酸越多，青贮品质越差。

霉菌：霉菌是一种好氧性真菌，在青贮体系中主要存在于饲料的边缘和表层（图2-6）。它能分解糖和乳酸，引发饲料变质，并且还会产生毒素，对家畜健康不利。青贮饲料中常见的霉菌属于青霉属（*Penicillium*）、镰刀菌属（*Fusarium*）、曲霉属（*Aspergillus*）、白霉属（*Mucor*）、丝依霉属（*Byssochlamys*）、犁头霉属（*Absidia*）、节菱孢属（*Arthrinium*）、地丝菌属（*Geotrichum*）、红曲霉属（*Monascus*）、帚霉属（*Scopulariopsis*）和木霉属（*Trichoderma*）等。霉菌不仅能降低青贮饲料的饲喂价值和适口性，而且会对人类和家畜健康有害。霉菌孢子常常会引起肺部疾病和过敏性反应，同时霉菌毒素也会对健康造成严重危害，如消化紊乱、免疫功能降低、肝肾损伤及流产等。主要的产霉菌毒素的霉菌有烟曲霉、娄地青霉和*Byssochlamysnivea.P.roqueforti*，后者是一种对酸具有强耐受性，能在低氧和高浓度CO_2条件下生长的霉菌，这种霉菌在青贮饲料中是最主要的一种霉菌。已知黄曲霉产生的黄曲霉毒素B_1能够从家畜饲料中转移到牛奶当中，从而对人类健康造成威胁。

图2-6　霉菌

乙酸菌：乙酸菌属是一种革兰氏阴性、非孢子、严格需氧杆菌。在青贮发酵的初期，尚有空气存在的情况下，乙酸菌能将青贮饲料中的乙醇变为乙酸，降低青贮饲料的品质。乙酸菌和大肠杆菌适宜生长的pH值为7.0。因此，在发酵初期有利于乙酸菌生长，这一时期若乳酸菌能迅速繁殖，乙酸菌就能受到抑制。某些情况下，用手工收割的秸秆或牧草比用机器收割更容易出现乙酸菌和大肠杆菌主导的青贮发酵，从而形成富含乙酸的青贮饲料。

丙酸菌：青贮饲料中有时含有少量的丙酸，它可能是由梭菌及丙酸菌生成的。丙酸菌可从青贮饲料中分离出来，丙酸杆菌属是一类典型无芽孢的厌氧或耐氧的革兰氏阳性多型的杆菌。它们的发酵产品包括大量的丙酸、乙酸、CO_2及少量的一些其他有机酸。丙酸杆菌属在低pH值青贮饲料中发酵乳酸生成丙酸盐，而且喜欢利用乳酸而不是糖类作为底物。但是丙酸杆菌属活性较弱，对青贮饲料的影响较小，对乳酸的发酵几乎没有或有少量的酸性损失。

第二节　苜蓿青贮设施

青贮设施是指装填青贮饲料的容器，主要有青贮窖、青贮壕、青贮塔、地面堆贮、半地下青贮、青贮袋以及拉伸膜裹包青贮。对这些设施基本要求是：场址要选择在地势高燥、地下水位较低、距畜舍较近（便于运输）、远离水源和粪坑的地方。

1. 青贮窖

青贮窖是我国广大农村应用最普遍的青贮设施。按照窖的形状，可分为圆形和长方形两种。在地势低平、地下水位较高的地方，建造地下式容易积水，可建造半地下、半地上式。圆形窖占地面积小，圆筒形的容积比同等尺寸的长方形窖大，装填原料多。但圆形窖开窖饲喂时，需要将窖顶覆盖物全部揭开，窖口大不易管理；取料时需一层层取用，若用量少，冬季表层易冻结，夏季易霉变。长方形窖适用于小规模饲养户采用，开窖从一端启用，一段一段取用，这一段饲料喂完后，再开一段，便于管理。但长方形窖占地面积较大。不论圆形窖还是长方形窖，均应用砖、石、水泥建造，建成永久性青贮窖，窖壁用水泥挂面，以减少青贮饲料水分被窖壁吸收。

如果暂时没有条件建造砖石混凝土结构的永久窖，使用土窖青贮时，四周要铺垫塑料薄膜。第二年再使用时，要清除上一年残留的饲料及泥土，铲去窖壁旧土层，以防杂菌污染。不同形状的青贮设施如图2-7所示。

a

b

c

d

图2-7 不同形状的青贮设施（a：青贮塔，b：地下式青贮窖，c：地上式青贮窖，d：地面堆贮）

2．青贮塔

青贮塔适用于机械化水平较高、饲养规模较大、经济条件较好的养殖场。要有由专业技术设计和施工建成砖、石、水泥结构或者金属型的永久性建筑。塔顶有防雨设备，塔身每隔2～3m，留60cm×60cm的窗口，装满料时关闭，取空后敞开。原料由机械吹入，从塔顶落下，塔内有专人踩实。青贮料是由塔底取料口逐层取出。青贮塔封闭严实，原料下沉紧密，发酵充分，青贮质量较高。

3. 青贮壕

青贮壕是大型的壕沟式青贮设施，适用于大规模饲养场使用。此类建筑最好选择在地方宽、地势高燥或有斜坡的地方，开口在低处，以便夏季排出雨水。青贮壕一般用砖、石、水泥建为永久窖，三面砌墙，地势低的一端敞开，以便车辆运取饲料。

4. 地面堆贮

选择地势较高且平坦的地块，一般应在宽敞的水泥地面上，先铺一层破旧的塑料薄膜，再将一块完整的稍大于堆底面积的塑料薄膜铺好，然后将青贮原料堆放其上，逐层压紧，垛顶和四周用一块完整的塑料薄膜盖严，四周与垛底的塑料薄膜重叠封闭好，然后用真空泵抽出空气使其呈厌氧状态。塑料外面可用草帘、旧轮胎等物覆盖保护。在堆放期间应注意防鼠害、防冻、防塑料膜破裂，以免引起二次发酵。

5. 塑料袋贮

近年来随着塑料工业的发展，一些饲养场采用质量较好的塑料薄膜制成的袋，装填青贮饲料，包括小型青贮袋和大型的"香肠"式青贮袋。小型袋一般宽50cm，长80～120cm，每袋装40～50kg青贮料，一般养殖牲畜头数较少的养殖户利用此方式较合适，袋子装满青贮料后，填实，扎紧袋口，堆放在畜舍旁，取用很方便。另外一种就是大型的"香肠"式青贮袋，适合大型牧场、养殖场利用，将饲草切碎后，采用袋式罐装机械将饲草高密度地装入由塑料拉伸膜制成的专用青贮袋，在厌氧条件下实现青贮。33m长的青贮袋可罐装近100t青贮料。

6. 拉伸膜裹包青贮

拉伸膜裹包青贮也是低水分青贮的一种形式，即通过凋萎（晾晒、干燥）将牧草水分含量降至50%～60%时，用捆包机高密度捡拾压捆，然后用专用塑料薄膜裹包密封，以创造有利乳酸发酵的厌氧条件，但它同一般青贮的本质区别就在于其能够进行商品化生产，适合远距离运输，且能使家畜日粮类型更丰富多样化，从而为日粮合理、高效配制提供方便，这对于青贮料的应用前景起决定性作用。

拉伸膜裹包青贮的生成原理，与传统青贮没有多大不同，但实用上却有很大优越性。最初，人们只是利用圆形草捆来制作拉伸膜裹包青贮。近年来，利用方形草捆制作拉伸膜裹包青贮的技术也逐渐在欧洲的一些国家发展起来。高密度草捆的生产是拉伸膜裹包青贮技术发展的一个主要方向。草捆密度越大，残留空气越少，越有利于生产出高质量的青贮。此外，草捆密度越大，草捆个数便越少，在产量相同的条件下，有利于减少运输及贮存费用。

第三节 青贮工艺及方式

一、苜蓿青贮工艺（图2-8）

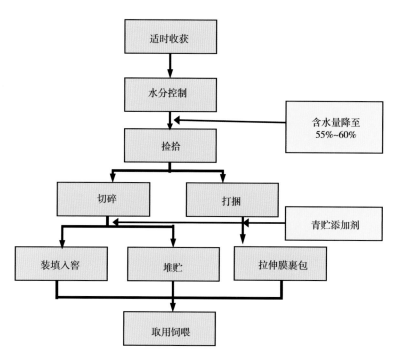

图2-8 苜蓿青贮工艺

二、青贮方式

（一）半干青贮

半干青贮也称低水分青贮，是青绿苜蓿收割后经过自然晾晒或人工干燥等办法，使苜蓿中的含水量下降到一定水平，然后再进行青贮，这样可以降低细胞呼吸作用，保留更多的养分，同时也可避免在青贮过程中营养成分随着水分外流而浪费。半干青贮的关键技术就是控制含水量，含水量过高不利于抑制梭菌的繁殖，含水量过低植株叶量损失增加且不易压实。苜蓿半干青贮的适宜含水量，多数研究表明，当苜蓿水分含量降至55%～60%进行装贮最为适宜，此时苜蓿的干物质含量达35%以上。由于水分含量低，增加了细胞汁液渗透压从而抑制了不良微生物的繁殖，阻碍了丁酸的产生和蛋白质的分解。在有机酸形成数量少和pH值较高的条件下也能稳定青贮品质。青贮料在贮藏良好的状态下，其糖分和蛋白质被分解的比例少，大部分作为营养成分保存下来。保存良好的半干青贮料，适口性好，营养价值丰富。半干青贮兼备调制干草和青贮两者的优点。

半干青贮的调制方法与普通苜蓿青贮基本相同，区别在于苜蓿收割后，需要晾晒、干燥，当含水量降至55%～60%进行装贮。具体工艺如下。

1. 天气预测

牧草收获季节，天气状况的预测对于牧草刈割时期的确定和制作青贮饲料非常重要。牧草刈割前，需要查看一周内甚至更长时间的天气预报，以根据天气情况选择和安排适宜的牧草刈割时期，尽量避开阴雨天气，防止雨淋对牧草生产造成的损失，特别是豆科牧草雨淋后会对青贮饲料的发酵品质造成严重的影响。

2. 适时收割

苜蓿的叶量在返青期和分枝期最高，开花后叶的比例开始明显下降，NDF和木质化程度开始快速提高。因此，决定苜蓿品质的最重要因素是收获时间。否则，因刈割时间控制不好会造成其营养指标差距甚大。正确地评价苜蓿的质量应首先掌握收割期，在现蕾期刈割是各项营养指标最好的，这时的苜蓿处于营养生长后期，没有进入生殖生长期，营养丰富，消化率高（图2-9）。

现蕾期苜蓿处于鲜嫩状态，叶片的重量占全株的50%左右，叶子占植株的可消化总养分60%，蛋白70%，维生素90%。叶片中的粗蛋白含量比茎秆高1～1.5倍，粗纤维含量比茎秆少50%以上。现蕾期的营养非常丰富，而且产量也高，总可消化营养物质最高，产奶净能会在1.54Mcal/kg以上，粗蛋白会在20%以上，NDF和ADF含量会分别在40%和30%以下，基本可以满足奶牛对能量、纤维的营养需要。因此，最佳收获期现蕾期刈割的苜蓿在美国称为特级苜蓿。

图2-9　最佳刈割时间（现蕾期）

随着现蕾期向初花期过渡，苜蓿的营养成分会因成熟度的增加而降低，主要表现在叶片含量、蛋白、能量、维生素和矿物质元素的减少。相反，茎秆比例、纤维素和木质化程度会随之增加。特别是苜蓿开花以后，营养成分急速下降，蛋白质含量以每日0.5%的速度下降，而NDF和ADF含量急速增加，并且伴随着NDF的消化率也急速下降（图2-10和图2-11）。

图2-10　现蕾期与初花期比较

图2-11　中花期（生长很高，但木质化程度也很高）

3. 水分调节

苜蓿青贮前的水分含量是调制优质青贮饲料和确保青贮饲料发酵品质的最关键环节。一般情况下，半干青贮要求原料含水量55%~60%，调节牧草的水分含量有两种措施。第一种常用的措施是牧草刈割后，在田间进行晾晒萎蔫，使青贮原料的水分达到最适宜青贮的含水量。原料收获后，田间晾晒的时间应根据牧草刈割时期的含水量和当地的天气条件而定，晾晒时间越短牧草营养损失越少。要达到低水分青贮含水量的要求，一般需在田间晾晒24~36h。另外一种水分调节的方法就是在牧草刈割的时候使用干燥剂。生产中常用的干燥剂主要有碳酸钠和碳酸钾，使用这两种干燥剂可有效降低牧草水分含量，但由于成本的问题，生产中很少使用干燥剂。

含水量测定，可采用以下两种方法：

（1）化验室烘干测算公式

$R=（100-W）/（100-X）$

式中：R——每100kg苜蓿原料晒干至要求含水量时的重量（kg）；

W——苜蓿原料最初含水量（每100kg重）；

X——青贮时要求的含水量（每100kg重）。

（2）田间观测法

扭折法：充分凋萎的青贮饲料原料在切碎前用手扭折茎秆不折断，且其柔软的叶子也无干燥迹象，表明原料的含水量适当；

攥握法：抓一把切碎的苜蓿用力攥握半分钟，然后将手慢慢放开，观察汁液和团块变化情况。

① 如果手指间有汁液流出，表明原料水分含量高于75%。

② 如果团块不散开，且手掌有水迹，表明原料水分在69%～75%。

③ 如果团块慢慢散开，手掌潮湿，表明水分含量在60%～70%。

④ 如果原料不成团块，而是像海绵一样突然散开，表明其水分含量低于60%。

4. 捡拾切碎

田间晾晒后达到适宜打捆的水分后，用搂草机集成草条，草条宽幅应与捡拾割台宽幅一致，便于捡拾。同时，避免集垄时过多的尘土被带入草条。牧草切碎可在田间用捡拾切碎机边捡拾边切碎，或者将晾晒好的牧草收集后在固定场所用粉碎机切碎。牧草切得越碎，青贮时的青贮密度越大，可提高青贮饲料的紧实度，减少颗粒间O_2含量，发酵品质也就越好。同时，对紫花苜蓿而言切的越碎，可充分释放苜蓿中的可溶性碳水化合物（WSC），有利于乳酸菌快速利用紫花苜蓿中有限的糖原，提高发酵品质。但考虑到反刍家畜的瘤胃功能正常和反刍消化生理，牧草在切碎时需要保证有一定量的长草段，也称有效纤维。理论上苜蓿适宜的切碎长度为1～2.5cm，最好在1cm左右，同时要求有15%的草段大于2.5cm，以确保给反刍家畜提供足量的有效纤维含量。

5. 装填压实

原料的装填要遵循快速而且压实的原则，分层装填，分层镇压，压得越实越好，特别要注意靠近墙角的地方不能留有空隙。一般每层厚度15～20cm，最多不超过30cm，干物质越高，厚度越薄，结合装填喷洒青贮添加剂（详见添加剂青贮）。采用U型铺料方式，先两边再中间，不宜用履带式拖拉机压实，建议用四轮拖拉机、铲车压实，1/2轮胎错位，直线压窖法，见图2-12。压实密度240～260kg/m³（DM），折合鲜物质650kg/m³以上。实践中判断较好的压实程度为青贮原料装填压实表面能明显看到拖拉机的轮胎印迹。青贮时原料装填密度越大，青贮后青贮饲料干物质的损失也越小。当然青贮原料的含水量也与青贮密度有关（图2-13）。

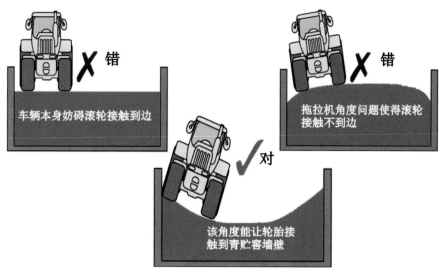

图2-12 正确压窖方法（绍曼供）

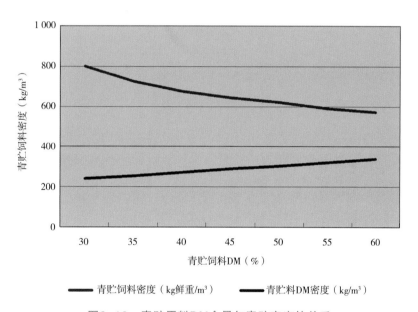

图2-13 青贮原料DM含量与青贮密度的关系

6. 青贮设施的密封和覆盖

青贮料装填到最上面一层时，青贮料适当薄一些，并且不宜过度碾压，防止细胞裂汁液外渗、反弹。青贮料堆的边要低于青贮窖墙10cm左右，易于安全、压实；青贮堆的最高处高于青贮窖墙50~70cm，最多不超1m；若是堆贮，斜面不应过陡，倾斜度应小于30°；表面要平整，不能形成坑洼，顶部也不能太尖。准备封窖时，在窖面喷洒巧酸霉与水的混合液水（巧酸霉∶水=1∶3）的，在20cm的厚度内，喷洒量2.5L/m²。青贮料装满压实后，须及时密封和覆盖。覆盖执行不透光、不透气、不透水等三不透标准。采用聚乙烯薄膜覆盖，窖边界稍松些，塑料布上下层对接处≥1m。用沙土和废旧轮胎压实。

7. 管理与饲用

密封后的青贮设备应经常检查，发现有漏气之处，要及时补修，杜绝透气，以免不良细菌的繁殖导致青贮失败。一般经过40～50d后，完成发酵过程即可开窖取用饲喂。取用应采用逐层、逐段取用。青贮料一旦开启应连续取用，根据每天用量决定取用量，每取用一次，随即盖严开口处，以免饲料氧化霉变。

（二）添加剂青贮

由于苜蓿糖分含量低，水分高，缓冲度大，苜蓿原料乳酸菌含量少，有害菌比例大，因此苜蓿青贮发酵进程慢，稳定性差，并伴有过多的呼吸、发热和渗液等，导致发酵过程青贮质量下降。通过加入添加剂影响微生物的生长，可以使青贮饲料充满有益细菌、酶，从而促使其向快速、低温和低损失的发酵过程转变。添加剂青贮除了原料中加入添加剂外，其余方法与半干青贮方法相同。

根据青贮添加剂作用效果，可将其分为5类：发酵促进型添加剂、发酵抑制型添加剂、好氧性变质抑制剂、营养性添加剂、吸收剂。见表2-1。

表2-1　青贮添加剂的种类

发酵促进型添加剂		发酵抑制型添加剂		好氧性变质抑制剂	营养性添加剂	吸收剂
细菌培养剂	碳水化合物	酸	其他			
乳酸菌	葡萄糖	无机酸	甲醛	乳酸菌	尿素	大麦
	蔗糖	蚁酸	多聚甲醛	丙酸	氨	秸秆
	糖蜜	乙酸	亚硝酸钠	己酸	双缩脲	稻草
	谷类	乳酸	二氧化硫	山梨酸	矿物质	聚合物
	乳清	安息香酸	硫代硫酸钠	氨		甜菜粕
	甜菜粕	丙烯酸	氯化钠			斑脱土
	桔渣	羟基乙酸	二氧化碳			
		硫酸	二硫化碳			
		柠檬酸	抗生素			
		山梨酸	氢氧化钠			

1. 发酵抑制剂

发酵抑制剂对能引起青贮损坏或营养损失的微生物有较强的抑制作用，加入抑制剂可减少发酵过程中的营养损失，使青贮饲料的pH值迅速降低，以获得品质优良的青贮饲料。

（1）无机酸

青贮饲料中常添加的无机酸有盐酸、硫酸、磷酸等，作为酸化剂，可迅速降低青贮容器内pH值，抑制微生物活动，防止腐败，并有利于乳酸菌的发酵作用。此外，这些无机酸能使青贮原料的质地变软，促进植物细胞壁分解，提高青贮饲料的消化率和适口性。但无机酸腐蚀性强，对青贮容器有腐蚀作用，对皮肤也有刺激作用，使用时应小心。国内常用的硫酸和盐酸的添加方法是：1份硫酸（或盐酸）加5份水配成稀酸，100kg青贮原料中添加5~6kg稀酸。

硫酸的使用有补充硫的作用，但硫酸和盐酸易溶解钙盐，造成流失，对家畜骨骼发育不利。磷酸是很好的青贮添加剂，添加效果好，腐蚀性小，能补充磷，提高青贮饲料的营养价值，但磷酸价格高。添加时要注意钙磷比值，应补充一定量的钙，使其钙磷平衡。

（2）有机酸及其盐类

在青贮原料中添加的有机酸及其盐类主要为甲酸（蚁酸）和丙酸及其盐类，主要起酸化和防腐剂的作用。甲酸是常用的饲料添加剂，添加甲酸后通过改变原料中的氢离子浓度，并充分利用不同菌类对游离酸的耐受程度的差异，在保持乳酸菌繁殖受到较小抑制的前提下，最大限度地抑制其他菌种的繁殖，可迅速降低pH值，从而抑制青贮饲料的呼吸作用和有害菌的活动，使青贮饲料即使在碳水化合物水平不高的情况下也能制成高质量的青贮饲料。甲酸的添加量根据原料种类和含水量不同而有所差异。添加原则是无论何种原料，添加浓度必须使pH值降低到4.0以下。不同原料所需的添加量不同，见表2-2。当甲酸添加量不足时，不能使青贮饲料的pH值充分下降，无法抑制不良发酵微生物的活动。因此，确定适宜的添加量非常重要。

添加甲酸对发酵品质具有良好的改善效果。但是，直接使用甲酸，在取用便利性、使用者的安全性、对机械的腐蚀性等方面仍存在诸多问题。为此，开发甲酸盐类作为青贮饲料的添加剂，解决其安全性的问题。

甲酸的钠盐和钙盐早已作为青贮添加剂使用，前者经常与亚硝酸钠在一起使用，可以产出一氧化氮，在青贮早期阶段可保护青贮，避免有害细菌的活动。用甲酸钙和亚硝酸钠混合物试验，结果表明有改善青贮发酵质量的作用。

表2-2 甲酸添加量

原料	每吨原料的添加（kg）
禾本科为主体牧草	3.0～4.0
禾本科和豆科混播牧草	4.0
豆科为主体牧草	5.0～6.0
高粱	2.0～2.5
青割麦	3.0～4.0
生稻草	4.0

丙酸作为防腐剂和抗真菌剂，能够抑制青贮中的好氧性菌，作为好氧性破坏抑制剂很有效，但作为发酵剂不如甲酸。随着青贮pH值的下降，丙酸的抗真菌作用也会增强，所以在pH值较低的情况下，它是改善青贮好氧稳定性的一个理想选择。丙酸的添加量随饲草中水分含量、贮藏期以及是否与其他防霉剂混合使用而变化。对于水分比较低的牧草和干物质含量低于30%的牧草而言，丙酸的建议添加量分别为1.5%～2.0%和2.0%～2.5%；添加丙酸可减少青贮原料的发酵和铵态氮的形成，降低青贮原料的温度，促进乳酸菌生长。

丙酸具有很强的腐蚀性，所以在操作过程中有一定的难度。为了降低丙酸的腐蚀性，考虑采用丙酸盐来作为青贮添加剂。丙酸和它的盐的效果与它们在水中的可溶性有紧密的关系。酸与碱基之间的连接键越强，产品的可溶性就越弱，抑制真菌的能力就越差。在丙酸盐中，丙酸铵是最容易溶于水的（90%），接下来是钠盐（25%）和钙盐（5%）。添加低比例的丙酸盐通常不会影响青贮的发酵，但可以减少青贮中酵母的数量，提高青贮的好氧稳定性，防止二次发酵的发生。

（3）甲醛

甲醛也是常用的发酵抑制剂，它具有抑制所有微生物的生长繁殖和阻止及减弱瘤胃微生物对植物蛋白质分解的作用，以提高蛋白质及氨基酸的利用率。甲醛主要用于豆科牧草等高蛋白原料或高水分、嫩叶量大、易腐败植物的青贮。甲醛的添加量通常为30～50g/kg粗蛋白或为青贮原料重量的0.15%～0.35%。过多添加甲醛会降低其采食量、适口性、消化率，易引起二次发酵。为了不降低采食量，有效提高抑菌效果，在甲醛中可以加入甲酸。研究表明，"甲酸+甲醛"作为青贮添加剂，既能降低氨含量，又能抑制丁酸发酵，青贮效果和采食量都比较理想，且成本比单独添加甲醛低。

2.青贮促进剂

乳酸发酵促进剂通过增强乳酸菌的活动，产生更多的乳酸，使青贮饲料的pH值迅速下降。这类添加剂多从两个方面改善乳酸发酵的条件，一是增加青贮原料中的乳酸菌数目，改善乳酸菌的种类，增加生产乳酸能力强的菌种；二是改善乳酸菌发酵的底物条件，增加可利用的底物种类和数量，促进乳酸菌的大量繁殖。主要的乳酸发酵促进剂包括乳酸菌制剂、酶制剂、绿汁发酵液、糖类及富含糖分的饲料。

（1）乳酸菌制剂

为了获得理想的发酵品质，青贮原料中的乳酸菌数目应达到每克10万个以上。但是，在一般情况下，牧草和饲料作物上附着的乳酸菌数量不足，且多为不良菌种（发酵生成乳酸的能力较差），青贮早期繁殖缓慢，导致有害微生物增殖。需添加优质乳酸菌以保证青贮初期的乳酸菌数目以及乳酸菌发酵的能力。

乳酸菌制剂是筛选具有良好青贮发酵性能的菌种附以载体以及其他制剂的商品化制剂（图2-14）。乳酸菌青贮添加剂的乳酸菌应具备的条件如下：①生长旺盛，在与其他微生物竞争中占主导地位；②具有同型发酵途径，以便使六碳糖产生最多的乳酸；③有耐酸能力，尽快使pH值降至4.0以下，以便抑制其他微生物的活动；④以葡萄糖、果糖、蔗糖和果聚糖为主要发酵底物，尤其是戊糖；⑤不能从蔗糖（果糖）产生葡聚糖（或甘露醇）；⑥不能对有机酸有作用，因在缓冲度高的情况下，发酵酸代替有机酸会伴有以二氧化碳为形式的干物质损失；⑦生长繁殖温度范围广，可在0～50℃生长；⑧能在低水分（如凋萎青贮）的原料上生活；⑨无水解蛋白质的能力。

乳酸菌的添加效果主要包括：密封后pH值下降迅速；蛋白质分解少，氨态氮生成量少；抑制青贮发酵温度上升；干物质损失少；青贮饲料在食槽中保持的时间长，不易发生二次发酵等。在青贮原料中接种乳酸菌，既使青贮早期产生较多酸，又使最后青贮饲料中的乳酸含量比一般青贮提高50%～90%，而青贮饲料中的丙酸和丁酸含量明显降低，乳酸和乙酸的比值则显著提高。接种青贮可使青贮饲料的干物质利用率提高1%～2%，改善动物生产性能5%～7%。

添加乳酸菌制剂，具有添加量小、安全、易操作、无腐蚀、不污染环境等优点。乳酸菌制剂可分为粉末状（或颗粒状）添加的类型和溶解后添加的类型。水溶类的添加量为每吨原料（鲜物质）3～4g，粉末（或颗粒）类的添加量为每吨500～1 000g。水溶类的乳酸菌制剂可以通过增加稀释倍数在一定程度上增加添加量。使用时，一般需要先将乳酸菌制剂置于清水（或淡糖水）中活化一段时间（30min左右），再均匀喷洒到青贮原料上。喷洒可采用喷雾器，一般窖式青贮可边装填边喷洒，装填20～30cm厚喷洒一次。对于草捆青贮形式，可在打捆机实施打捆前，将菌液喷洒到草垄上。粉末（或颗粒）类的乳酸菌制剂因添加容量少，难以混合均一，可利用发酵剂或增量剂增加添加容量，使其易于与材料混匀。发酵剂、增量剂可采用葡萄糖、碳酸钠、小麦粉、麦麸等。因乳酸菌制剂是活体物质，必须在使用当日用水、发酵剂或增量剂进行稀释，配制量以当日用尽为宜。特别是乳酸菌一旦溶于水，将不断活动，活性随时间延长而下降，须格外注意。

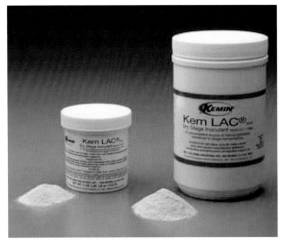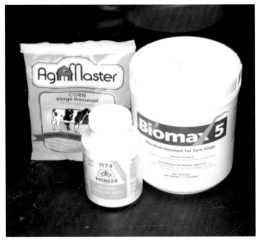

图2-14　乳酸菌菌剂

（2）酶制剂

青贮饲料使用的酶制剂主要是纤维素酶。纤维素酶是一种发酵促进剂，它是由真菌或细菌产生的一种多酶复合体，酶制剂中包含多种降解细胞壁的酶组分，其中除含有纤维素酶外，还含有一定量的半纤维素酶、果胶酶、蛋白酶、淀粉酶及氧化还原酶类。

目前研究开发的纤维素酶都是利用微生物产生的，生产纤维素酶的微生物主要来自曲霉属、木霉属、枝顶孢属等。不同微生物产生的酶，活性有所差异。作为青贮添加剂，纤维素酶应具备以下条件：①密封早期生成足量的糖；②在pH值4.0～6.5范围内发挥作用；③在广泛的温度范围内保有活性；④对低水分的原料亦有作用；⑤对任何生育期的原料均具有活性；⑥不具有蛋白酶活性；⑦提高青贮饲料的饲料价值和消化性；⑧具有长期保存性；⑨与其他添加剂相当的价格。

添加这些酶的主要目的首先是提供更多可发酵性的碳水化合物，尤其是对含糖量低的成熟牧草，添加的纤维素酶分解植物细胞壁，释放出可以被乳酸菌用以发酵的糖，增加可发酵底物的量，从而缓解底物不足的问题（表2-3）；其次是通过对植物细胞壁的水解降低纤维含量，降低纤维成分，改善青贮饲料中有机物消化率（表2-4）。

表2-3　青贮饲料常用的酶

酶种类	对象物质	产物
纤维素酶	纤维素	葡萄糖、麦芽糖、糊精

（续表）

酶种类	对象物质	产物
半纤维素酶（木聚糖酶）	半纤维素	木糖、木聚糖、树胶糖醛
淀粉酶	淀粉	葡萄糖、麦芽糖

表2-4 添加纤维素分解酶对多年生黑麦草青贮的发酵品质和营养价值的影响

项目	无添加	酶制剂添加
pH值	4.20	3.72
水分（%）	82.0	79.8
粗蛋白（%干物质）	16.1	16.9
蛋白氮（%总氮）	49.2	53.8
氨态氮（%总氮）	8.7	6.1
水溶性碳水化合物（%干物质）	0.3	3.1
有机酸（%干物质）		
乳酸	7.0	11.0
乙酸	6.2	3.2
丙酸	0.4	0.2
丁酸	0.1	0.0
乙醇（%干物质）	0.6	0.4
酸性洗涤纤维（%干物质）	28.6	24.6
中性洗涤纤维（%干物质）	47.1	42.5
半纤维素（%干物质）	18.5	17.9
总能（兆焦/克干物质）	19.3	20.3
青贮的干物质摄取量（g/d）	785	770
体增重（g/d）	72.0	81.8
有机物消化率（%）	69.1	65.6

注：原料可溶性糖含量：15.8%干物质；酶制剂添加量：添加木霉属产物0.3L/t

纤维素分解酶的添加量为1 000～2 000g/t。一般添加量越大，对青贮发酵的效果越好。但是，如果添加量过大，容易使青贮饲料纤维完全被破坏而产生黏性，不利于家畜采食。由于添加纤维素酶使青贮饲料的细胞壁被分解，对奶牛来说纤维组分的消化率有望提高。但是，添加纤维素酶青贮饲料的有机物消化率将有所下降。分析其原因是纤维素酶的作用使原料植物纤维中易消化的部分先分解，而残留的是难以消化的纤维部分。因此，在使用中须注意纤维素酶制剂的添加量。

此外，还可将纤维素酶制剂与乳酸菌添加剂同时添加使用，补充青贮饲料有益乳酸菌数量的同时，提高其发酵底物的数量，可获得较单一添加更为理想的效果。

（3）绿汁发酵液

绿汁发酵液是将原料鲜草的汁液，在厌氧条件下发酵而制成的棕色或棕黄色液体，是新型的青贮添加剂。

绿汁发酵液技术类似于乳酸菌制剂青贮技术，不仅对改善豆科牧草青贮品质有效，而且对高水分牧草直接鲜贮也很有效（图2-15）。将鲜草榨汁液稀释后的液体加入适量的葡萄糖，发酵后作为青贮添加剂加入牧草原料中。绿汁发酵液中含天然的乳酸菌菌株，菌株的种类多于单独添加的微生物制剂。它与乳酸菌制剂类似，最大的特点是经济和环保，制作工艺流程简单、生产成本低，操作安全无腐蚀、无污染。

绿汁发酵液通常是促生原料上附着的野生乳酸菌种。原料中附着有多种乳酸菌，主要包括植物乳杆菌、干酪乳杆菌、短乳杆菌、粪链球菌、啤酒片球菌、肠膜明串珠菌等，其适应性、发酵特性各有所不同，详见表2-5。将原料的鲜草绿汁在厌氧条件下发酵制备成绿汁发酵液，使其野生乳酸菌大量繁殖之后，作为乳酸菌的添加剂来使用，其结果发酵品质得到改善。一般乳酸菌制利只有特定的乳酸菌菌种，而发酵液中存在适合于发酵原材料发酵所需的所有乳酸菌菌种，青贮发酵效果更好。

表2-5　青贮乳酸菌的主要种类和性质

乳酸菌种类	发育温度关系（℃）			最终pH值
	最低温度	最适温度	最高温度	
植物乳杆菌	10	30	40	4.0～4.2
干酪乳杆菌	10	30	40～45	3.8～4.0
短乳杆菌	15	30	38	4.0～4.4
粪链球菌	10	37～40	45	4.0～4.4
啤酒片球菌	10	25～32	40～45	3.8～4.0
肠膜明串珠菌	10	21～25	40	4.4～4.8

使用绿汁发酵液是为了补充原料中的乳酸菌，可采用喷雾器按照青贮原料重的2%添加。窖式青贮可边装填边喷洒，草捆青贮方式可在打捆前将绿汁发酵液预先喷洒到草垄上。

图2-15　绿汁发酵液的制作

绿汁发酵液因其多菌种的特性，在多种牧草及饲料作物青贮中使用均取得良好的效果，在用于苜蓿、燕麦、饲料稻、大黍、紫云英等青贮时均可提高发酵品质和饲料价值。

（4）碳水化合物类

针对豆科牧草等可溶性碳水化合物含量较低的青贮原料，添加碳水化合物可增加乳酸菌发酵的底物，有利于乳酸的生成，促进乳酸发酵，保证青贮成功。通常在青贮饲料中添加的这类物质包括糖蜜、蔗糖、番薯丝、马铃薯等，作为营养物质添加剂的玉米粉、大麦粉、糠麸等也具有补充一定量碳水化合物的作用。

糖蜜是甜菜和甘蔗制糖业的副产品，其干物质含量为700~750g/kg，每千克干物质中可溶性碳水化合物含量为650g，其中主要成分是蔗糖。在含糖量少的青贮原料中添加糖蜜，可增加可溶性糖的含量，有利于乳酸发酵，减少干物质损失，适口性好，可提高家畜的采食量和消化率。添加量为原料重量的4%~5%。

添加玉米面、糠麸等，需要与青贮原料拌匀，以保证接触面积尽可能大，添加剂能够被充分利用。一般谷物类添加量占干物质的5%~10%。

3. 好氧性变质抑制剂

好氧性变质抑制剂主要是抑制对青贮需氧腐败起作用的酵母、霉菌等的活动，防止青贮饲料腐败变质，减少营养损失以获得优质的青贮饲料。主要有乳酸菌制剂、丙酸、己酸、山梨酸、双乙酸钠和氨等。

4. 营养性添加剂

营养性添加剂主要用于改善青贮饲料的营养价值，改善青贮饲料的适口性，如蛋白、矿物质等。这类添加剂包括含碳水化合物丰富分物质、含氮化合物、矿物质等，其中较常用的是非蛋白氮类物质（如尿素、氨水、各种铵盐）等，而在生产中尿素用途最广泛，但苜蓿蛋白含量高，一般不采用。

（三）混合青贮

苜蓿中可溶性碳水化合物含量低，蛋白质含量高，缓冲能力高，通过青贮发酵不易形成低pH值状态，进而梭菌的活动旺盛，这样对蛋白质有强分解作用的梭菌将氨基酸通过脱氨或脱羧作用形成氨，对糖类有强分解作用的梭菌降解乳酸生成具有腐臭味的丁酸、CO_2和H_2O。可见适宜水平的WSC含量是克服高的缓冲度、确保青贮发酵品质、获得优质青贮的前提条件。为了满足乳酸菌的繁殖需要和创造养分均衡条件，青贮时可以将苜蓿和一些含糖量较高的谷物秸秆、禾本科作物及牧草等进行混合青贮，可弥补苜蓿可溶性碳水化合物的不足，调整青贮原料的含水量，能够取得较好的青贮效果，如果再添加合适的添加剂可获得最佳的青贮品质，可以有效解决苜蓿单独青贮难以成功或品质较差的问题。此外，也可将甜菜渣、糖蜜、米糖、酒糟等副产品混入原料中，进行混合青贮。

（四）拉伸膜裹包青贮

拉伸膜裹包青贮与其他青贮技术一样，也有其优点和缺点。在饲料产量过剩而青贮窖体积不足的情况下，可用拉伸膜青贮的途径弥补。将这些青贮饲料存放在牧场周围取用方便的位置，以有利于小范围进行饲养。另外，因其捡拾压捆之前的晾晒过程远远短于调制干草所需时间，所以拉伸膜裹包青贮的另一个优点为可缩短收获时间。当含水量50%~60%时打捆可减少收获过程的叶量损失，从而获得高蛋白青贮料产品，裹包青贮见图2-16。

然而，制作和饲喂拉伸膜裹包青贮是一个高效的劳动过程。如果没有一整套周密的饲喂计划，其饲喂和践踏损失就与干草相当甚至高于干草。保证草捆的严格密封是拉伸膜裹包青贮的最重要的技术环节，若不能控制空气而使其侵入，必将引起青贮饲料品质的不均衡和霉菌的繁殖，甚至引起过多的霉烂损失。且其贮藏每吨饲料所需成本高于每年可贮藏2次的永久性青贮设施。另外，利用过的拉伸膜造成环境污染，处理好废弃拉伸膜仍是急待解决的问题。

拉伸膜裹包青贮工艺包括以下几步。

1. 适时收割

用拉伸膜裹包技术青贮苜蓿，须有充足的发酵糖分。为了达到最高含糖量水平，获得最高营养物质收获量，应在最佳收获期。已建植的苜蓿田头茬刈割的最佳收获期是孕蕾中期到开花早期，最后1次刈割的最佳收获期为孕蕾后期到开花早期。新种植的苜蓿田刈割的最佳收获期是开花初期。

2. 水分调节

就苜蓿裹包青贮而言，最理想的打捆水分含量为50%～65%。打捆时水分含量高于70%，易产生"酸型"梭菌发酵，进而使青贮饲料积累大量丁酸；水分含量在65%～70%，会产生过度发酵，草捆表面和塑料膜之间会凝结水汽；水分含量在55%～65%，青贮料发酵品质最好；水分含量在35%～45%，发酵不彻底，裹包时需要加厚拉伸膜裹包层数；水分含量在25%～35%，只有微量发酵，应尽快饲喂家畜；水分含量小于25%，适宜制作裹包干草。有机酸及其盐溶液可缓解或抑制高水分裹包青贮料的不良发酵。若裹包青贮饲料用于商品化生产，则打捆时牧草水分含量在45%～55%为宜。

3. 打捆

在生产实践中小型、中型和大捆及方捆至圆捆等都存在，但其调制技术基本一致。不同规格的打捆都要求草捆高密度压实，打捆的方式有两种：固定打捆机在草堆前，人工填入牧草；采用自走式打捆机顺着草条道通过自走将牧草捡拾而打成捆，在打捆过程中极有可能打成空心草捆。一旦形成空心草捆，裹包时在膜的回缩力作用下，草捆将严重变形，甚至被挤扁，即使在人工辅助下勉强裹包起来，青贮质量也不能保证。因此，为了得到密度高、形状整齐的捆包，在打捆时拖拉机的行进速度应根据具体情况来决定，压捆机行进速度要比干草收集压捆机慢一些，压捆要牢固、结实，这样才能保持高密度；草捆表面要平整均匀，以免草捆和拉伸膜之间产生空洞或与膜之间的粘贴性不良，从而发生霉变。

4. 裹包

打好的草捆应在当天用裹包机迅速裹包，将草捆移到裹包机上覆膜4～6层，用打捆专用绳捆好，裹包机的转盘转速控制在30圈/min，拉伸膜的覆盖率为50%，拉伸率为250%～280%。严密裹包是调制优良青贮饲料的一个重要环节，如果裹包不好，进入大量空气或水分，有利于腐败菌、霉菌等繁殖，使青贮原料变坏。

5. 裹包青贮注意事项

①裹包开始前要检查所用到的所有设施工具，确保整个调制过程的顺利进行；裹

包后把所有的设施工具都彻底的清洗消毒，为下一次裹包做好保养。

②每天开始收割前，根据牧草地实际情况，将割草机的割台设定在适合的高度，太低将翻起泥土，污染原料影响青贮质量，过高则影响原料的产量。

③割草结束后，搂草机将割好的牧草集成行或堆，提高裹包效率。

④测试原料中的含水量。苜蓿牧草含水量控制在45%～55%时方可进行打捆裹包。

6. 裹包青贮的技术要点

（1）裹包材料及层数

青贮的成功与否，其关键在于是否具有一个完好的厌氧环境。这取决于两个因素，一个是高密度打捆，另一个是防止空气透入。高密度打捆是通过性能好的打捆机实现，防止空气透入则是靠优质的拉伸膜和裹包层数。普通塑料拉伸膜本身透气，不能用于青贮拉伸膜。青贮用的裹包膜是一种特制的聚乙烯薄膜，具有拉伸强度高，抗穿刺强度高，撕裂强度高，韧性强，稳定性好，抗紫外线等特点。这种膜形状记忆好，回缩性能好，且其耐性极强，在高温40℃以上和低温-40℃以下及日晒雨淋的恶劣气候条件下可在野外存放1～2年，性能不变。国际标准还规定膜的氧透气量不得超过7 000mm³/24h，这是青贮拉伸膜的重要质量指标，氧透气量超过国际标准，就不能用作青贮膜。经理论和多年实践总结青贮膜要求厚度为0.025mm，低于此厚度会影响青贮效果，高于此厚度会增加成本。裹包后，会回缩而紧紧地贴附在草捆上，形成密封环境。因此，裹包青贮和袋式青贮都采用这种特殊性能的拉伸塑料膜。研究表明，拉伸膜的颜色也能够影响裹包青贮的质量。采用黑色和白色的两种拉伸膜进行裹包青贮试验，结果采用黑色拉伸膜裹包青贮的温度比白色拉伸膜裹包青贮的温度高10℃。黑色拉伸膜组的青贮pH值要高于白色拉伸膜裹包青贮组，白色拉伸膜青贮稳定性要优于黑色拉伸膜青贮。因此裹包膜的颜色选白色为好，因为白色的更容易保持较低的表面温度。

此外，裹包层数关系到青贮厌氧环境的形成和保持，裹包层数的正确选择对于裹包青贮的制作很重要。裹包层数少就会使青贮封闭性不好，影响裹包青贮的贮存时间。为了解决长期贮藏、含水量较低等不利于良好密封条件保持的问题，通常认为需要增加裹包层数，但这样不但会提高生产成本，而且废弃的拉伸膜还会增加对环境的污染。

裹包青贮的材料要用一种特制的聚乙烯薄膜，并且颜色为白色，厚度为0.025mm的裹包膜。裹包层数为4层时效果更佳。用这种规格的裹包材料和裹包层数青贮制成的秸秆或牧草外观整齐，霉变较少，质地松散不黏手，具酸香味，牛羊喜食，适口性好，而且营养利用率高（图2-16）。

图2-16 裹包青贮

（2）裹包密度

为了给乳酸菌创造良好的厌氧生长繁殖条件，需要创造一个封闭的厌氧环境。裹包密度和封闭程度是保证青贮能否成功的关键因素。当裹包压得不实时，其内残留空气较多，植物细胞呼吸作用持续时间长，好气性微生物的生长繁殖活动剧烈，产生大量的热，使青贮饲料中温度升高（可达60℃），不利于乳酸菌的繁殖。而好氧性微生物的活动加强，使青贮料中维生素破坏，蛋白质变性，大量可溶性碳水化合物被消耗，可消化蛋白质含量大大降低，从而降低青饲料的质量，因此应特别注意原料裹包时要按压结实。一般都以切碎青贮原料来减少饲料间的空隙，原料切碎后，青贮时易使植物细胞渗出汁液，湿润表面，糖分流出来附着在原料表层，有利于乳酸菌的繁殖，切碎的长短要根据原料性质和畜禽需要来定。

原则上是压得越结实，密度越高，原料间隙就越小，残留空气就越少，更有利于打捆压实裹包。但也不能挤压过实，过实会使青饲料中的营养成分流失，同时还会使丁酸菌大量繁殖，使青贮饲料产生难闻的气味，影响饲料的质量，一般密度为650kg/m³为宜。

7. 裹包青贮的优缺点

裹包青贮的优点如下所述。

（1）损失浪费少

窖装青贮由于不能及时密封和密封不严，往往造成窖上部青贮料的霉烂变质；且窖装青贮草料的含水量较大，在制作过程中水分渗透易造成干物质的流失；此外，开窖后由于日晒、雨淋、霉烂等原因，也会造成青贮草料的较大损失。草捆裹包青贮则几乎没有霉烂，也不会造成水分渗透，青贮质量好，粗蛋白含量高，粗纤维含量低，消化率高，适口性好，气味芳香；损失浪费极少，霉变损失、流液损失和饲喂损失均大大减少，保存期长，可长达1~2年；而且抗日晒、雨淋等的能力很强，损失少。

（2）制作灵活方便

拉伸膜裹包青贮可以在农田、草场、饲养场附近及周边任何地点制作，也不受时间的限制，一般有2~3d的好天气就可以制作，而且制作方法简便易行，既不用挖青贮窖，也不用投入大量劳力。投资少，见效快，综合效益好；不受季节、日晒、降雨和地下水的影响，可在露天堆放；储存方便，取饲方便；节省了建窖费用和维修费用；节省了集中的上窖劳力；可根据各自情况随时随地安排生产，且每批贮量应需而异，减少了环境污染，废旧拉伸膜可回收加工再利用。用拉伸膜包装的草捆经过压缩、捆绑、密度加大体积缩小，运输便捷，利于商品化，改变了"百里不运草"的千年传统。由于裹包青贮具有可移动性、易于运输等特点，对牧草自然生长而带来的营养物质输出的不平衡性具有较好的平衡营养作用，特别是在冷季，可移动性带来的调剂作用，对于改善家畜营养状况具有良好的效果。此外，裹包青贮的贮量可大可小，从而给制作收获量较小的饲料品种开了方便之门，特别适用于个体户或分散种植、养殖的用户使用。

（3）青贮料的营养价值高、品质好

由于制作速度快，被贮饲料高密度挤压结实，密封性好，所以乳酸菌可以充分发酵，迅速形成优势菌群，快速降低pH值，抑制了霉菌、腐败菌和其他有害菌的繁殖，缩短了预备期，避免了营养的消耗，同时大大增加了乳酸菌和菌蛋白的含量，提高了其营养价值。拉伸膜裹包青贮不仅可以保持新鲜草料的营养成分，还可以降低粗纤维含量，提高饲料的消化率和适口性。

（4）对环境的污染小

裹包青贮的裹包严密、无撒漏，不会污染土壤和水源，裹包形状规范，大大地改善了饲养环境，不仅有利于提高地方饲料资源的有效利用，而且还有利于提高营养物质的利用率，减少过多的氮磷排放造成的环境污染，长期食用裹包青贮饲料的动物粪便中的大肠杆菌、沙门氏杆菌明显得到控制，有效地减少了疾病传染。

（5）保存期长

草捆裹包青贮不受季节、气温、日晒、雨淋等的影响，可在露天堆放，保存期可长达1~2年，可以节省建仓库、搭草棚等的投资费用。

（6）利于利用和运输

开口即可取出饲喂家畜，取后可以很容易地用拉伸膜封口，用拉伸膜包装的草捆，由于大小、形状均一，运输起来也同样方便。

（7）便于产业化生产

青贮饲料产业化是畜牧业生产的集约化的重要组成部分，而裹包青贮是青贮饲料产业化的首选形式，裹包青贮由饲料公司集中生产后以配送的方式运送到周边地区各分散奶牛养殖户中，形成裹包青贮生产与配送的产业化组织形式。该组织形式以裹包技术作为技术支撑，以裹包青贮的集中生产为基础，以配送和向农户提供相关技术咨询为服务方式，可以很好地解决个体养殖户用料难的问题。

裹包青贮的缺点如下所述。

①塑料薄膜一旦被戳破，青贮饲料将变质。若裹包机使用方法不当或拉伸膜选择有误容易造成密封性不良，影响发酵品质。在搬运和保管拉伸膜青贮饲料过程中也容易把拉伸膜损坏。如原料裹包青贮后，大部分都是露天存放，拉伸膜经常会被老鼠啃破或被鸟啄破，造成漏气现象。拉伸膜一旦损坏，酵母菌和霉菌就会大量繁殖，青贮料也将变质。

②不同草捆之间或同一草捆的不同部位之间水分含量参差不齐，出现发酵品质差异，给饲料营养设计带来困难，难以精确掌握家畜的供给量。

③拉伸膜主要依靠进口，成本较高，废旧拉伸膜的处理回收仍未很好解决，会造成白色污染。

④裹包青贮机械化程度高，初期制作需要购买相应的设备，如打捆机和裹包机等机械，故初期制作投入较大。另外，裹包机械和专用膜国产化程度低，维修服务不配套，再加上用到的拉伸膜大部分靠进口，更加大了裹包青贮技术广泛推广的难度。但是从长期来看，裹包青贮的经济效益比较高，成本低。

⑤裹包青贮露天贮藏容易结冰，冬季贮藏难，导致品质下降，饲喂困难。

三、影响青贮品质的因素

1. 青贮原料

（1）收割期

青贮原料的适宜刈割时期影响青贮饲料的发酵品质和营养价值。青贮饲料的营养价值，除了与原料的种类和品种有关外，还与收割时期有关。一般早期收割其营养价值较高，但收割过早单位面积营养物质收获量较低，同时易引起青贮饲料发酵品质的降低。因此依据牧草种类，在适宜的生育期内收割，不但可从单位面积上获得最高总可消化营养物质产量，而且不会大幅度降低蛋白质含量和提高纤维素含量。一般而言苜蓿适宜的刈割时期为现蕾期至初花期。

（2）收割茬次

牧草特别是紫花苜蓿收割时，收割机带压扁功能为好，以缩短田间晾晒时间。苜蓿适宜刈割的时期见表2-6。第一年建植的苜蓿，初花期刈割；往年建植的苜蓿第一茬刈割时期在现蕾中期到初花期之间为宜，第一茬以后茬次的刈割时间为现蕾后期至初花期。苜蓿越成熟，虽然产量高，但营养价值越低。苜蓿刈割时留茬高度5cm左右，最后一茬留茬高度在10cm左右。晾晒草幅要宽，至少占割幅的70%，以使收割后的牧草可被割茬顶起，有助于加快水分散失；同时，可防止苜蓿草被土壤污染，提高苜蓿青贮饲料品质。

苜蓿越成熟，虽然产量高，但营养价值越低。如表2-7所示，紫花苜蓿最适宜的刈割时期现蕾期的粗蛋白含量最高，到盛花期时粗蛋白含量降低了7个百分点，纤维含量增加了6个百分点，相对饲喂价值相应地降低了30。

表2-6　苜蓿适宜刈割时期

牧草种类	刈割时期
苜蓿（第一年建植）——第一茬	初花期
苜蓿（往年建植）——第一茬	现蕾中期至初花期
苜蓿（往年建植）——第一茬以后茬次	现蕾后期至初花期

表2-7　不同刈割时期苜蓿营养价值变化情况

刈割时期	CP（%）	NDF（%）	ADF（%）	相对饲喂价值（RVF）	体外干物质消化率（%）
现蕾	22.4	38	33.3	151	73.8
初花	19.6	41	36.4	135	70.9
盛花	15.3	44.3	39.1	122	67.3
结荚	13.9	49.0	43.2	104	63.56

注：RFV（relative feeding value），粗饲料相对饲喂价值

（3）原料的切碎

原料的切短和压裂是促进青贮发酵的重要措施。适宜的切碎长度可有效释放青贮原料中的可溶性糖，有助青贮饲料快速发酵。同时，可提高青贮原料的压实程度，减少物料空隙间氧气的含量，并有利于家畜特别是反刍家畜瘤胃健康。一般要求青贮原料的切碎长度为1～2cm，其中15%的草段应大于2cm，以确保给反刍家畜提供足量的有效纤维含量。

2. 含水量

青贮前饲草原料的水分含量是决定青贮饲料发酵品质的另一主要因素。适时收获的原料含水量通常为75%～80%或更高。要调制出优质青贮饲料，必须调节含水量。水分过多的原料，青贮前应晾晒凋萎，使其水分含量达到要求后再行青贮。青贮时如果水分过高，会产生"酸性"发酵或丁酸发酵，青贮饲料酸味刺鼻，无酸香味，营养物质损失大；水分过低，则青贮发酵程度低，青贮原料不容易压实，导致发霉变质。苜蓿等豆科牧草适宜的青贮的水分含量在55%～65%。

青贮原料的干物质（DM）含量与青贮饲料发酵品质息息相关。在一定范围内，青贮原料的DM含量与青贮饲料中总有机酸的含量为负相关的关系。而就青贮饲料中乳酸含量而言，其随青贮饲料的DM含量增加呈现先增加后降低的趋势，而且DM含量在40%左右时，乳酸的含量最高，发酵品质也最好（图2-17，表2-8）。

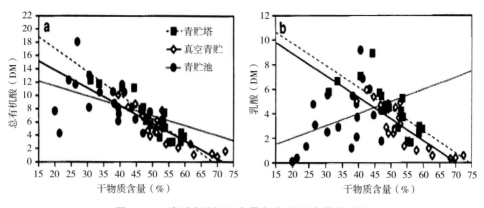

图2-17　青贮饲料DM含量与有机酸产量的关系

表2-8　不同含水量苜蓿青贮发酵效果

苜蓿含水量	发酵效果
>70%	有"酸性发酵"的风险。梭菌发酵，刺鼻酸味，无酸香味，且发酵产生梭菌毒素
60%～70%	发酵充分，青贮饲料品质良好。但对裹包青贮而言，会导致裹包膜内层产生水汽，裹包青贮表面青贮饲料发酵品质不佳
50%～60%	最理想的发酵效果，青贮饲料发酵品质最佳
35%～50%	轻微发酵，青贮饲料发酵品质不良。裹包青贮时需增加裹包膜的层数
25%～35%	几乎不发酵

3. 可溶性糖含量

青贮原料本身影响青贮饲料发酵品质的化学因素（营养物质含量）中，最重要的是葡萄糖、果糖、蔗糖等可溶性糖分含量。试验表明，可溶性糖含量是决定青贮发酵品质最重要的因素之一（Wilkinson，1991；Alli，1984）。一般可溶性糖含量越多，所产生的乳酸就越多，而产生的乙酸和丁酸就越低，当原料的可溶性糖含量较低时（占鲜重1%以下），很难调制出优质青贮饲料（Oneil，1998）。

4. 厌氧环境

青贮能否成功，在很大程度上取决于乳酸菌能否迅速而大量的繁殖，封闭厌氧条件下，乳酸菌生长繁殖旺盛；有氧条件下，不但乳酸菌不能活动，而且好气性细菌的繁殖对乳酸发酵也有不利影响，增加营养物质的损失。尽早密封青贮窖，使其尽快进入厌氧状态是制备优质青贮饲料至关重要的环节（Driehuis，2000）。

第四节　苜蓿青贮机械

一、割草机械

割草压扁机是用于牧草的切割、压扁，并形成一定形状和厚度草条的设备。割草压扁机的选用应根据设备的结构特点、收获牧草种类、地块大小及收获期的限制等因素进行综合考虑。选用的割草压扁机应综合考虑割幅、所需拖拉机动力、压扁装置的适应性、割刀类型、割茬高度、草条可调宽度等因素。目前使用的割草压扁机均带有压扁辊。割草压扁机按动力配备方式分，有自走式和牵引式；按割刀类型分，有往复式和圆盘式。

（一）自走式割草压扁机

自走式割草压扁机配有动力63.9～122.0kW，割幅较大，为4.2～6.4m，割刀有往复式和圆盘式，适合于3 000亩（1亩≈667平方米，全书同）以上大面积苜蓿割草。由于其工作效率高，对苜蓿及土地压实小，可大大缩短苜蓿的收获期，增加苜蓿生长期，这对一年多茬收获的苜蓿很重要，同时可减少对产量的影响。代表机型有纽荷兰H8040/8060、约翰迪尔4895/4990等，如图2-18所示。

图2-18　约翰迪尔自走式割草机

（二）往复式割草压扁机

往复式割草压扁机使用标准的76.2mm刀片，所切割苜蓿的茬口整齐，对下茬苜蓿生长有利。收割苜蓿叶片损失小，且所需拖拉机动力远小于圆盘式。但对牧草不同生长状态的适应性差，易堵塞。适用于平坦的天然草场和一般的人工草场。由于切割器在作业时振动大，限制了作业速度的提高。其工作幅宽调整范围较大，2.2～5.6m，割茬低，32～108mm。放铺草条的可调节性及与打捆机的匹配相当重要，这在选型时需要考虑。代表机型有纽荷兰488/499、约翰迪尔710/720/725/820等，如图2-19所示。

图2-19　往复式割草机

（三）圆盘式割草压扁机

圆盘式割草压扁机具有2～8个独立的圆盘刀毂，每个刀毂有密封的齿轮箱和独立的合金驱动轴，可以保证刀片切入浓密、缠绕甚至潮湿的作物。切割器刀片安装在刀盘上，随刀盘的旋转割草，适合收割高产、茂密牧草，对倒伏牧草也有较好的适应性。其优点是切割速度快、工作效率高、结构简单、安全耐用、工作可靠、不宜损坏、维修成本低。由于是通过高速旋转圆盘的刀片来打击切断苜蓿茎秆，其茬口不整齐，会影响下茬苜蓿的生长。同时由于圆盘的高速旋转，用于收割苜蓿时叶片损失相对往复式的要大得多，所形成的草条较乱，且需配套动力也较大，拖拉机动力输出轴功率要大于48kW。此外在多石地块作业，其刀片易损坏。工作幅宽2.8～4.8m，工作效率高于往复式的。代表机型有纽荷兰H7220/7230、约翰迪尔936/946/956、库恩FC202RG/250RG/302RG等。2圆盘割草机和7圆盘割草机如图2-20、图2-21、图2-22所示。

图2-20 前悬挂2圆盘割草机

图2-21 自走式2圆盘割草机

图2-22 7圆盘割草机

二、搂草机械

翻草、搂草是决定苜蓿质量的重要环节。为减少翻晒次数，避免叶片脱落，生产中多使用搂草机进行翻草和集垄作业。搂草机有指盘式侧向搂草机和水平旋转式搂草机两种。

（一）指盘式侧向搂草机

指盘式侧向搂草机没有传动机构和起落机构，具有结构简单、轻便、搂草性能好、生产效率高等特点。为减少牧草损失和机械空行程时间，最好采用环行法作业。代表机型有约翰迪尔702/704、纽荷兰HT152/154等，如图2-23所示。

图2-23　指盘式搂草机

（二）水平旋转式搂草机

水平旋转式搂草机对牧草没有强烈的打击作用，叶片损失少，牧草无缠结，草垄蓬松且透气性好、质量高，可明显提高后续作业生产率。代表机型有纽荷兰163等，如图2-24所示。

图2-24　水平旋转式翻晒机

（三）栅栏式搂草机

栅栏式搂草机弹齿沿横向将牧草移动集垄，避免了牧草中混有杂物或石块等，有助于改善牧草和青贮质量，需要拖拉机功率较低，对于大型牧场可将搂草机并联使用，极大地提高使用效率。代表机型有约翰迪尔54/64/74/75型、纽荷兰256等，如图2-25所示。

图2-25　栅栏式搂草机

三、打捆及配套机械

打捆机用于干草的打捆作业，按打捆的形状有圆捆和方捆打捆机；按捆的大小，又有大中小之分；按行走方式有行走式和固定式，行走式又分为牵引式和自走式。选用打捆机应综合考虑捡拾宽度、拖拉机动力配备、装运方式（叉车或人工）、贮存方式、销售距离及草捆密度控制方式（液压控制、弹簧控制）等因素，一般贮存应选用牵引式中小方捆打捆机，用作青贮应选用中小型圆捆打捆机，以便于机械包膜、保鲜。

（一）小方捆打捆机

小方捆打捆机具有生产率高和作业成本较低、收获牧草损失小、干草质量好、便于短距离运输贮存等优点，500～1 000亩需配置一台小方捆打捆机。打捆机捡拾作业幅宽1.2～1.9m，生产效率为5～15t/h。一般要求草垄平均重量在1.2～2.5kg/m²。小方捆质量有18～27kg、27～36kg、41～82kg三种，草捆断面规格为（36～41）cm×（46～56）cm，草捆长31～132cm，所需配套动力小（拖拉机动力输出轴功率25.7～58.8kW）。草捆密度较低（129～150kg/m³），不适宜长途运输。代表机型有纽荷兰5070/5080、约翰迪尔328/338/348等，如图2-26、图2-27所示。

图2-26 纽荷兰小方捆打捆机

图2-27 华德小方捆打捆机

（二）中方捆打捆机

中方捆打捆机的草捆质量在454kg左右，草捆断面规格80cm×87cm，草捆长250cm左右。采用的是中心喂入式，预压室可先将草压成片状后再进入打捆室打捆，草捆的密度可采用液压油缸及双打结器控制，其打捆整体损失低，草捆密度较高，一般为260kg/m³，适于长途运输，工作效率高于小方捆打捆机，所需拖拉机动力输出轴功率至少66.2kW。田间草捆可用自动集捆车（一次可装5个草捆）运到地边，运输车不必进地，从而减轻对下茬苜蓿生长的影响及对土地的压实，因草捆质量较大，其装卸必须使用叉车。代表机型有纽荷兰BB870/9050等。

（三）大方捆打捆机

大方捆打捆机的草捆质量为510~998kg，草捆断面规格（80~120）cm×

（70~127）cm，草捆长250~274cm，草捆密度243~298kg/m³。大方捆打捆机一般采用4个打结器捆扎草捆，预压室预压草片，液压控制草捆密度。喂入系统设有辊刀及大容量捆绳箱。由于草捆密度大，适于长途运输，但需要大型运输车及大型叉车运装。代表机型有纽荷兰BB9080、约翰迪尔100型等，如图2-28所示。

图2-28 纽荷兰大方草捆打捆机

（四）圆捆打捆机

圆捆打捆机打的草捆质量为134~998kg，草捆密度170~237kg/m³，草捆直径762~1 900mm，草捆宽度990~1 562mm，草捆的大小可进行调节。圆捆可用网包和捆绳打紧，质量较大的要用叉车装卸，长途运输不经济。圆捆打捆机工作效率较高，所需拖拉机功率为22.0~58.8kW。圆草捆在防止雨水渗透和风蚀损失方面强于小方捆，饲喂方便，可露天贮存。内卷绕式圆捆机生产的草捆密度较高，长期存放不易变形，但对牧草干燥程度要求高。外卷绕式压捆机形成的草捆中心疏松、外层紧密，故透气性好，贮存不易霉变，但草捆较易变形。代表性机型有纽荷兰BR6090、约翰迪尔576等，如图2-29、图2-30所示。

图2-29　约翰迪尔圆捆打捆机

图2-30　库恩圆捆打捆机

（五）集捆机

集捆机用于快速自动捡拾小草捆作业，有牵引式和自走式两种类型。由于集捆机可自动捡拾草捆，减少了对苜蓿及土地的压实，利于下茬再生草的生长。集捆机的选用应考虑可捡拾草捆的规格及地块产量。对于大地块的作业应选择集捆车，每次所集的草捆自动码在地头或贮存地。代表性机型有纽荷兰1037/1095草捆捡拾车、XP54T大方捆捡拾装载码垛机等，如图2-31、图2-32所示。

图2-31　小草捆捡拾车

图2-32　大方捆捡拾装载码垛机

（六）叉车

苜蓿草捆运输回库房贮存时，需要叉车搬运、装卸大方捆、大圆捆。代表机型有纽荷兰LM5040伸缩臂叉车等，如图2-33、图2-34所示。

图2-33　CLAAS圆捆搬运车　　　　　　图2-34　纽荷兰伸缩臂叉车

四、青贮收获机械

（一）青贮收获机

青贮收获机用于玉米、苜蓿等青贮的收获作业，有自走式、牵引式和半悬挂式3种。

1.自走式青贮收获机

自走式青贮收获机功率在227.8kW以上，配有3种割台（直切式割台、对行割台和无行距割台）及拾禾器，其割台与切割系统、吹送部分分为两部分，工作效率高，为专用设备。自走式具有生产效率高、机动性能好、适应性广等特点，适合大型奶牛场及大面积种植青贮作物的农牧场使用。此类设备一般都配有中央润滑、自动磨刀、金属探测、自动对行等强大的功能，但由于价格十分昂贵，目前国内用量较少。代表机型有CLAAS的JAGUAR800/900系列、纽荷兰FR500/FR600/FR9000系列、约翰迪尔7000系列，如图2-35、图2-36所示。

图2-35 大型自走式青贮收获机　　　　　图2-36 小型自走式青贮收获机

2. 牵引式青贮收获机

牵引式青贮收获机割台与切割系统、吹送部分也分为两部分，但挂在一起作业，配有1种拾禾器、玉米割台和牧草割台，需要功率125.0kW的拖拉机牵引，适于中小型青贮地块作业。代表机型有约翰迪尔3955/3975，拖拉机动力输出轴功率分别为110kW和172kW，可配玉米割台和捡拾器，配有金属探测保护装置。牧草捡拾器幅宽1.7m和2.1m。

3. 半悬挂式青贮收获机

半悬挂式青贮收获机具有生产效率较高、作业灵活、性能价格比较适合中国目前的收获要求。割幅1～2.1m，配套拖拉机的功率一般在60～110kW，主机可配带对行及不对行割台，生产效率15～30t/h。可以在拖拉机的前方、后方、侧面半悬挂作业，对于小地块有自走式青贮机及单行青贮机无法替代的优势。代表机型有OTMA1100/2100型、波迪尼1000/2000型、AMG-300LD型等。

青贮收获机的选用应考虑是否装有金属探测装置及其精度、割台工作幅宽及割台行距的适应性、是否需要装配作物处理器、磨刀系统的工作精度及自动化程度、割刀的配置、驱动系统（四轮或两轮驱动）等。此外，自走式青贮收获机应具有电脑故障诊断及各工作部件性能检测功能，其功率应在220.5kW以上，这主要是其工作部件如刀辊、风机及驱动系统等需较大的功耗，以保证机器的通过性、喂入量及物料的吹送。

（二）拉伸膜裹包机

拉伸膜裹包青贮多用于苜蓿低水分青贮调制，也可用于添加剂青贮和混合青贮。苜蓿裹包青贮为整株苜蓿高密度打捆后青贮，能够进行商品化生产。苜蓿压捆后，用拉伸膜裹包密封。如图2-37所示。

图2-37 苜蓿大青贮包

刈割、压扁后的苜蓿，晾晒至水分45%～55%，利用圆捆打捆机进行打捆，再用拉伸膜裹包机将草捆裹包4层以上。苜蓿原料水分相对较低的，裹包层数应适当增加。裹包的苜蓿青贮草捆，在适宜的温度下，4～6周即可完成发酵过程。

裹包后的草捆应卧放，堆积高度不能超过2层，需防晒、防雨雪，防止鼠害、鸟啄。存放过程中尽量减少搬动次数，避免拉伸膜破损。在裹包生产、运输和堆放过程中，拉伸膜一旦破损，应及时用高黏度塑料胶带进行粘补。已完成发酵的，拉伸膜一旦破损应尽快饲用。

拉伸膜裹包机分为固定式和移动式两种，如图2-38、图2-39所示。固定式裹包机在固定场所进行草捆裹包作业，移动式裹包机在田间行进中捡拾草捆裹包。

图2-38 移动式拉伸膜裹包机

图2-39 固定式拉伸膜裹包机

还有牧草捡拾打捆和裹包联合作业机组，如纽荷兰BR6090圆捆裹包机、CLAASD的ROLLANT系列圆捆缠膜机等，如图2-40所示。

图2-40　打捆裹包联合机组

五、苜蓿田间收获机械配套参考

本参考以生产苜蓿商品草为目的，需配备的主要收获机械提出（表2-9，表2-10）。种植者在进行设备配置时，仍应根据自身的资金、土地、土质、苜蓿产品形式、实际需求情况进行咨询选用。

表2-9　2 000亩苜蓿田间收获设备配置参考

设备名称	型号	作业幅宽（m）	单台效率（亩/h）	数量（台）	备注
牵引式割草压扁机	H7220	2.8	50	1	7圆盘
搂草摊晒机	163	5.4	80	1	4轮
指盘式搂草机	HT152	6.2	80	1	10轮
小方捆打捆机	BC5070	2	20	2	
拖拉机	SNH904	—		4	配套割草机
拖拉机	SNH504	—		4	配套打捆机等
牵引式集捆车	1037	—	280捆/h	3	用于小捆搬运

（续表）

设备名称	型号	作业幅宽（m）	单台效率（亩/h）	数量（台）	备注
大圆捆打捆机	BR6090	2	40	1	用于青贮打捆
拉伸膜裹包机		2	20	1	用于圆捆裹包

表2-10　20 000亩苜蓿田间收获设备配置参考

设备名称	型号	作业幅宽（m）	单台效率（亩/h）	数量（台）	备注
自走式割草压扁机	H8060	4.9	100	3	12圆盘割台
搂草摊晒机	163	5.4	80	6	4轮
指盘式搂草机	HT154	9.4	120	4	16轮
大方捆打捆机	BB9080	2.4	50	4	120cm×90cm打捆
拖拉机	T2104/1404	—	—	4	配套打捆机
拖拉机	SNH504	—	—	10	配套打捆机等
大方草捆捡拾机	XP54T			2	大方捆捡拾
伸缩臂叉车	LM5040			4	用于打方捆搬运
圆捆裹包机	BR6090	2	40	2	用于青贮裹包
牧草捡拾收获机	FR9040	3	100	1	用于青贮压窖

第五节　苜蓿青贮损耗控制的实践应用

一、捡拾损耗

要求捡拾设备切割长度2~4cm，并及时磨刀。捡拾要干净，否则造成浪费和影响下茬品质（图2-41）。

图2-41　捡拾

二、拉运损耗

田间干物质控制在35%≤DM≤45%，干物质低会大大提高产生丁酸的风险，丁酸是半干青贮过程中是否发生梭菌发酵的首要指标，梭菌发酵会造成糖含量降低、pH值升高、蛋白质降解、干物质损失增加，产生腐败和异味；干物质太高则叶片损失导致蛋白流失和消化率降低，且难以压实。叶片损失过程（图2-42）：①田间搂草和捡拾时撒落；②捡拾时从收割机喷筒喷出；③拉运时车辆未盖苫布。

图2-42　拉运

三、添加剂的使用

相对于禾本科牧草，豆科的苜蓿制作青贮较难，因为蛋白含量高、糖分低，茎组织中空含有大量氧气，因此苜蓿青贮制作时必须使用添加剂，同时对场地和表层用防腐剂喷洒（图2-43）。

青贮添加剂一般分为发酵剂和抑制剂两类，苜蓿青贮制作过程中所用发酵剂主要是乳酸菌及酶，以增加乳酸菌的数量和生长速度，利于青贮快速消耗氧气缩短植物的有氧呼吸时间、增加青贮的营养价值、增强青贮有氧稳定性，实现快速发酵和降低pH值的目的；而在青贮窖底面和表面一般喷洒抑制剂，如丙酸或丙酸铵等，以减缓微生物的生长活性。青贮添加剂的添加量是以每克鲜草中添加的菌群数（cfu）计，要求最少为10^5个，一般cfu越大，发酵效果越好（图2-44）。

图2-43 苜蓿茎组织结构

图2-44 青贮剂添加

四、隔氧膜的应用

最好采取双层膜包裹封窖，底层先用5～8丝厚的隔氧膜OBP（Oxygen Barrier Plastics）包裹第一层，保证隔氧性。再使用12丝厚的黑白膜进行覆盖，白面向上有利于反射太阳辐射，降低青贮表面温度，两片膜的接口处至少重叠2m宽，且上面的膜压下面的膜，膜上以轮胎或胎边压实，压整轮胎比胎边效果要好（图2-45）。

图2-45 黄色隔氧膜及黑白膜

对于窖贮：可将青贮窖整个密封起来。具体做法是一开始就在里边先搭上一层塑料布，装满以后再把青贮外边塑料布盖回来，这样封好以后就类似于一个大的香肠，用塑料布把青贮都裹起来，这样即便是旧的青贮窖表面有很多污染物，靠墙边基本上也没有什么污染（图2-46）。

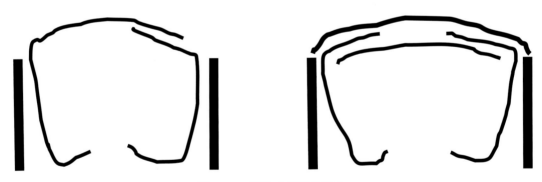

图2-46 窖贮（塑料包裹）

五、密封发酵（图2-47，图2-48）

图2-47　密封发酵

图2-48　发酵好的苜蓿青贮（DM为43.6%）

第三章 苜蓿青贮质量评价

第一节 感官评定

现场评定是在青贮饲料的开封现场，通过感官鉴定和简易测定指标来鉴定青贮饲料的品质。感官鉴定是根据青贮饲料的气味、色泽和质地等指标，评定青贮品质。在农牧场或其他现场情况下，可采用感官鉴定法来鉴定青贮饲料的品质。感官鉴定在评价者对青贮饲料在嗅、看、摸等感官观察的基础上，参照青贮饲料的评价标准判定对应的等级。由于感官鉴定带有一定的主观性，所以一般要求评价者具有丰富的经验，并可综合多个评价者的意见，以保证评价的合理性。

1. 观察色泽

品质良好的苜蓿青贮饲料呈青绿色或黄绿色（说明青贮原料收割适时）（图3-1）。中等品质的苜蓿青贮饲料呈黄褐色或暗褐色（说明青贮原料收割时已有黄色）。品质低劣苜蓿青贮饲料多为暗色、褐色、墨绿色或黑色，与青贮原料的原来颜色有显著的差异，这种青贮饲料不宜喂饲家畜。

图3-1 青贮苜蓿感官观察

2.辨别气味

用手抓取少量青贮饲料放在近鼻子处闻其气味。青贮饲料的气味可表明发酵的好坏，若将含水量过高的原料进行青贮（通常认为青贮原料适宜水分含量应控制在60%~70%），不利于抑制梭菌的繁殖；若用于青贮的原料水分含量过低，植株的叶片损失量增加，且不易压实，降低了有益微生物发酵所需的厌氧条件的形成速度，结果都将影响青贮饲料的品质。品质优良的青贮饲料具较浓的酸味、果实味或芳香味，气味柔和，不刺鼻，给人以舒适感，乳酸含量高；品质中等的青贮饲料稍有酒精味或醋味，芳香味较弱。如果青贮饲料带有刺鼻臭味如堆肥味、腐败味、氨臭味，那么该饲料已变质，不能饲用。

3.检查质地

品质良好的青贮饲料压得非常紧密，拿在手中却较松散，质地柔软，略带湿润；叶、小茎、花瓣能保持原来的状态，能够清楚地看出茎、叶上的叶脉和绒毛。相反，如果青贮饲料黏成一团，好像一块污泥，或者质地松散，干燥粗硬，这表示水分过多或过少，不是良好青贮饲料。发黏、腐烂的青贮饲料不适于饲喂家畜。

青贮饲料的感官评定可根据德国农业协会的青贮质量感官评分标准来评定（表3-1）。

表3-1　青贮饲料感官评定标准

项目	评分标准			分数
气味	无丁酸嗅味，有芳香果味或明显的面包香味			14
	有微弱的丁酸嗅味，或较强的酸味、芳香味弱			10
	丁酸味颇重，或有刺鼻的焦糊臭或霉味			4
	有很强的丁酸嗅或氨味，或几乎无酸味			2
质地	茎叶结构保持良好			4
	叶子结构保持较差			2
	茎叶结构保存极差或发现有轻度霉菌或轻度污染			1
	茎叶腐烂或污染严重			0
色泽	与原料相似，烘干后呈淡褐色			2
	略有变色，呈淡黄色或带褐色			1
	变色严重，墨绿色或褪色呈黄色，呈较强的霉味			0
总分	10~20	10~15	5~9	0~4
等级	1级优良	2级尚好	3级中等	4级腐败

注：引自玉柱等，2010

第二节　理化指标评定

化学检测评定主要通过化学分析来判断发酵情况，主要包括测定pH值、有机酸（乙酸、丙酸、丁酸、乳酸）的总量和构成、氨态氮占总氮的比例等。

一、pH值

实验室测定青贮饲料的pH值首先需以新鲜青贮样品为材料，制备青贮浸出液。青贮饲料的乳酸发酵良好，pH值低；发生不良发酵则pH值升高。一般发酵良好的苜蓿青贮其pH值在4.2～5.2。由于苜蓿含糖量低，缓冲度高，所以不能以全株玉米青贮或其他禾本科牧草青贮饲料的pH值标准来判定青贮饲料的发酵品质。

二、有机酸

有机酸总量及其构成可以反映青贮发酵过程及青贮饲料品质的优劣，常对青贮饲料中的乳酸和挥发性脂肪酸进行测定。主要的测定指标一般包括乳酸、乙酸、丙酸、丁酸。

乳酸的测定方法有多种，蒸馏法、液相色谱法、酶法等，乙酸、丙酸、丁酸等挥发性脂肪酸的测定常用气相色谱法，也可采用离子色谱法。随着仪器分析技术的发展，有机酸的测定多采用气相色谱和高效液相色谱等仪器分析手段来进行，具有精确度高、检出限量低、测定快速等优点。根据青贮饲料中有机酸的含量以及组成可判定青贮饲料的发酵品质。目前，世界上普遍采用弗氏评分法评定青贮饲料的等级（表3-2）。

表3-2　弗氏评分（修订版，1966）

重量比（%）	得分	重量比（%）	得分	重量比（%）	得分	重量比（%）	得分
乳酸							
0.0～25.0	0	40.1～42.0	8	56.1～58.0	16	69.1～70.0	24
25.1～27.5	1	42.1～44.0	9	58.1～60.0	17	70.1～71.2	25
27.6～30.0	2	44.1～46.0	10	60.1～62.0	18	71.3～72.4	26
30.1～32.0	3	46.1～48.0	11	62.1～64.0	19	72.5～73.7	27
32.1～34.0	4	48.1～50.0	12	64.1～66.0	20	73.8～75.0	28

（续表）

重量比（%）	得分	重量比（%）	得分	重量比（%）	得分	重量比（%）	得分
34.1~36.0	5	50.1~52.0	13	66.1~67.0	21	75.0~	30
36.1~38.0	6	52.1~54.0	14	67.1~68.0	22		
38.1~40.0	7	54.1~56.0	15	68.1~69.0	23		
乙酸							
0.0~15.0	20	24.1~25.4	15	30.8~32.0	10	37.5~38.7	5
15.1~17.5	19	25.5~26.7	14	32.1~33.4	9	38.8~40.0	4
17.6~20.0	18	26.8~28.0	13	33.5~34.7	8	40.1~42.5	3
20.1~22.0	17	28.1~29.4	12	34.8~36.0	7	42.6~45.0	2
22.1~24.0	16	29.5~30.7	11	36.1~37.4	6	45.0~	0
丁酸							
0.0~1.0	50	8.1~10.0	9	17.1~18.0	4	32.1~34.0	−2
1.6~3.0	30	10.1~12.0	8	18.1~19.0	3	34.1~36.0	−3
3.1~4.0	20	12.1~14.0	7	19.1~20.0	2	36.1~38.0	−4
4.1~6.0	15	14.1~16.0	6	20.1~30.0	1	38.1~40.0	−5
6.1~8.0	10	16.1~17.0	5	30.1~32.0	−1	40.0~	−10

来源：饲料品质评价研究会，2001

弗氏评分法的使用前提是乳酸发酵旺盛，主要应用于高水分的青贮饲料。在评价低水分青贮饲料、发酵受抑制的青贮饲料时，往往评价品质过低。因此在实际应用中应加以注意。

三、氨态氮

氨态氮占总氮的比例作为衡量苜蓿青贮饲料发酵过程中蛋白质分解状况的指标，可反映青贮饲料的发酵品质。在测定氨态氮含量的同时还必须测定青贮饲料的总氮含量，以确定其比例的大小。苜蓿青贮饲料中氨态氮的含量越高表明青贮饲料发酵过程中蛋白的降解越多。由于豆科牧草蛋白含量高，蛋白降解程度严重，氨态氮含量远高于禾本科等其他牧草含量，对发酵品质影响较大，故在豆科牧草评价体系中需要将氨态氮作为一种评价指标。一般情况下优质苜蓿青贮饲料氨态氮占总氮的比例应该低于15%。

第三节 微生物评定

微生物评定属于青贮品质评定内容之一。附着在作物表面的微生物不管在数量还是种类上都与青贮过程和完成青贮后微生物存在很大差异。了解附着在青贮原料表面的微生物状况可揭示青贮是否能顺利进行和是否需要添加剂。

一、青贮微生物检测的内容

青贮微生物主要检测乳酸菌、酵母和霉菌、肠杆菌和梭菌等这几大类。各类微生物在青贮中所起的作用详见第二章第一节内容。

二、检测方法

（一）可培养方式检测

1. 乳酸菌选择性培养

鉴别乳酸菌主要采用MRS培养基在37℃条件下厌氧培养。培养基中的乙酸钠使整个培养基pH值降低，对其他菌具有抑制作用，再加上厌氧环境，其他菌很难生长。因此，采用MRS培养基可以分离出青贮样品中的乳酸菌，根据计算可得出活菌数量（图3-2）。

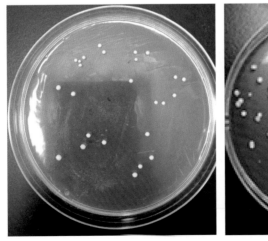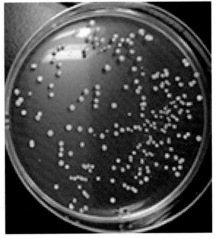

图3-2 平板培养乳酸菌

2. 酵母和霉菌的选择培养

采用马铃薯葡萄糖琼脂（PDA）培养检测。马铃薯浸提物有助于各种霉菌的生长，而葡萄糖能提供能量，其他菌很难适应这样营养相对缺乏的培养基，又因酵母和霉菌的菌落形态差异很大，易区分。其活菌数量同样可计算获得（图3-3）。

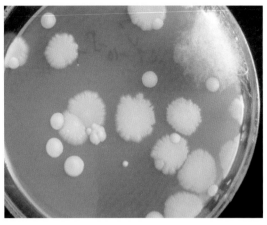

图3-3 平板培养霉菌（左）和酵母菌（右）

3. 肠杆菌的选择培养

肠杆菌主要用蓝光肉汤琼脂（BLBA）培养检测。肠杆菌分泌的β-半乳糖苷酶分解X-GAL（比色酶底物），改变底物的颜色（蓝色或蓝绿色），同样其分泌的β-醛酸苷酶降解MUG（比色酶底物），改变底物的颜色（蓝色或蓝绿色）。在有氧环境35～37℃条件下培养2d后，培养基上出现的蓝色或蓝绿色的菌落即为肠杆菌菌落。其活菌数量同样可计算获得（图3-4）。

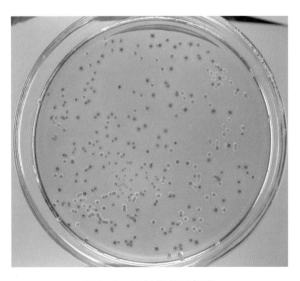

图3-4 平板培养肠杆菌

4. 梭菌的选择培养

检测梭菌所用的培养基是强化梭菌鉴别琼脂（DRCA），培养基中的柠檬酸铁铵和亚硫酸钠作为硫化氢指示剂，若存在梭菌，其产生的硫化氢气体与柠檬酸铁铵和亚硫酸钠反应使菌落变黑色。其活菌数量同样可计算获得（图3-5）。

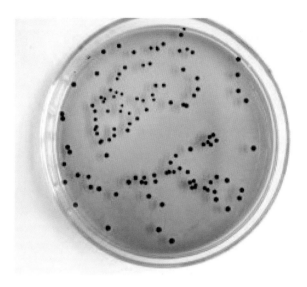

图3-5　平板培养梭菌

（二）非培养方式检测

传统的可培养方式可大致得到各种菌的分类和数量。但微生物菌群在进行纯培养时不可避免会造成菌株富集或衰退，认为改变了原始菌群的微生物生态结构，而且很多不可培养微生物无法进行检测。而且纯培养的方法是用固定的培养环境，忽略了微生物相互作用的影响，这种人工创造的条件与原生环境偏差较大，使得可培养的种类大大减少。故纯培养法获得的微生物数据对认识复杂的青贮发酵过程存在片面性，在这种情况下往往借用非培养的手段评定微生物。

目前借助分子生物学手段进行微生物多样性测定，主要有末端限制性片段长度多态性（TRFLP）、变性梯度凝胶电泳系统（DGGE）、SSCP及高通量测序，且各方法有各自的优缺点，根据需要关注的问题关键进行选择方法。

当牧草饲料原料贮藏不当或时间过长，会导致各种细菌或霉菌繁殖，牧草饲料的品质也随之降低。为保证牧草饲料原料的质量，就必须进行微生物学检查。利用培养基培养后以肉眼或显微镜观察，可确定微生物的种类和个数。根据检查结果来判断牧草饲料的质量优劣，对于污染严重的牧草饲料严禁饲喂畜禽。中国饲料卫生标准中明确规定，在饲料中不得检出沙门氏杆菌。关于上述沙门氏杆菌、霉菌及细菌的检测方法可参照相应的国家标准执行。

第四节　霉菌毒素安全评价

发霉变质的青贮饲料中存在大量的霉菌毒素（图3-6），处理不当会严重影响动物的健康及生产性能，进而影响畜产品的质量与安全。霉菌毒素损害奶牛的肝脏、肾脏和繁殖功能（图3-7）。据FAO（2007）估计，全世界粮食中有25%受到霉菌污染，每年因霉菌毒素损失达到至少10亿t。我国《食品安全国家标准食品中真菌毒素限量》（GB 2761—2011）规定乳及乳制品中黄曲霉毒素每毫升限量为0.5μg/kg；《饲料卫生标准》（GB 13078—2001）规定了奶牛精料补充料中黄曲霉毒素B_1限量为10μg/kg，肉牛精料补充料中黄曲霉毒素B_1限量为50μg/kg。美国威斯康星大学研究表明，青贮饲料中黄曲霉毒素含量应该小于20μg/L，玉米赤霉烯酮含量应该小于300μg/L，呕吐毒素含量应该小于6μg/L。赤霉烯酮浓度达到1~3mg/kg时，能刺激雌激素受体转录，导致生殖系统障碍，造成胚胎成活率下降、后备牛外阴和乳房肿大，促黄体素分泌减少。另外还包括阴道炎、阴道分泌物增多、流产、青年母牛的不孕症，以及流产和繁殖障碍等。另外，由于饲料中有害的霉菌毒素可转移到牛奶中，所以对青贮饲料的霉菌毒素安全评价也是非常重要的。研究发现，青贮饲料中霉菌毒素的主要种类为黄曲霉毒素、玉米赤霉烯酮、T-2毒素、呕吐毒素/脱氧雪腐镰刀菌烯醇及伏马毒素。

图3-6　发霉变质的青贮苜蓿

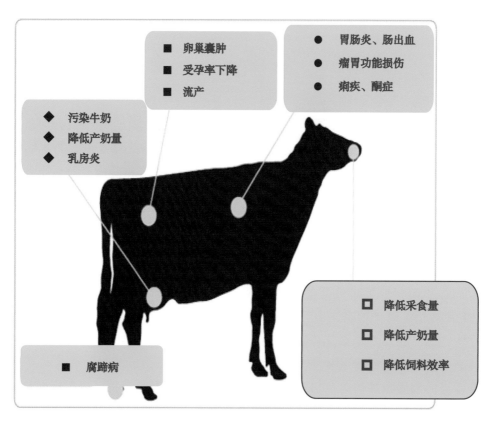

图3-7 霉菌毒素对奶牛的影响

一、黄曲霉毒素

黄曲霉毒素主要由黄曲霉菌和寄生曲霉产生，由约20种结构相似的化学物质组成，其中以B_1、B_2、G_1、G_2和M_1最为重要。国家法规规定饲料中这种毒素的含量不得超过20μg/kg。主要对动物肝脏的伤害，受伤害的个体因动物种类年龄，性别和营养状态而异。黄曲霉毒素会降低动物生长速度和饲料报酬。对奶牛来说会导致其产奶量下降，另外黄曲霉毒素可以将黄曲霉毒素M_1的形态分泌到牛奶中。其可引起犊牛直肠痉挛、脱肛。高水平黄曲霉毒素也可引起成年牛肝脏的损害，抑制免疫功能，导致疾病

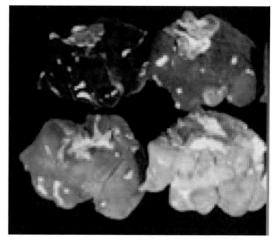

图3-8 黄曲霉毒素对动物肝脏的影响
（左上为癌变肝脏）

暴发，同时它会影响饲料适口性，降低动物免疫力，甚至会致癌（图3-8）。

二、玉米赤霉烯酮

玉米赤霉烯酮主要由粉红色镰刀菌产生，其主要来源是玉米。玉米赤霉烯酮中毒分为急性中毒和慢性中毒。在急性中毒时，动物表现为兴奋不安，走路蹒跚，全身肌肉震颤，突然倒地死亡。同时还可发现黏膜发绀，体温无明显变化。动物呆立，粪便稀如水样，恶臭，呈灰褐色，并混有肠黏液。频频排尿，呈淡黄色。同时还表现为外生殖器肿胀，精神萎顿，食欲减退，腹痛腹泻的特征。在剖检时还能发现淋巴结水肿，胃肠黏膜充血、水肿，肝轻度肿胀，质地较硬，色淡黄。而在慢性中毒时，主要对母畜的毒害较大。它会导致母畜外生殖器肿大。充血，死胎和延期流产的现象大面积产生，并且伴有木乃伊胎的现象。50%的母畜患卵巢囊肿，频发情和假发情的情况增多，育成母畜乳房肿大，自行泌乳，并诱发乳房炎，受胎率下降。同时对公畜也会造成包皮积液、食欲不振、掉膘严重和生长不良的情况。

三、T-2毒素

T-2毒素主要由三线镰刀真菌产生。主要来源于玉米、小麦、大麦及燕麦。T-2毒素为毒性较高的免疫抑制物质，能够破坏淋巴系统，危害生殖系统，降低采食量，引起呕吐、下血痢甚至死亡。我国在反刍动物中允许的极限是5mg/kg。

四、呕吐毒素

呕吐毒素主要来源于玉米、小麦、大麦和燕麦。高温处理也无法完全破坏它。呕吐毒素对人和动物均有很强的毒性，能引起人和动物呕吐、腹泻、皮肤刺激、拒食、神经紊乱、流产、死胎等，猪是对呕吐毒素最敏感的动物，家禽次之，反刍动物由于瘤胃微生物的作用，耐受力最强。在反刍动物日粮中允许的极限是5mg/kg。

五、伏马毒素

伏马毒素主要由串珠镰刀菌产生的水溶性代谢产物，是一类由不同的多氢醇和丙三羧酸组成的结构类似的双酯化合物。动物试验和流行病学资料已表明，伏马菌素主要损害肝肾功能。饲料中伏马毒素的检测伏马毒素的检测先后使用过薄层色谱法、气相色谱法、酶联免疫法（ELISA）、高效液相色谱法（HPLC）等，目前研究和应用得最多的是利用免疫亲和柱净化后的荧光仪检测法和HPLC法。

第五节　消化率评定

青贮饲料的能量、蛋白质、粗纤维消化率与同类干草相比均高。并且青贮饲料干物质中的可消化粗蛋白质（DCP）、总可消化养分（TDN）和消化能（DE）含量也较高（表3-3）。

表3-3　干草和青贮饲料消化率及营养价值比较

饲草种类	消化率		营养价值（干物质中）		
	能量（%）	粗蛋白（%）	可消化粗蛋白（%）	总可消化养分（%）	消化能（MJ/kg）
自然干草	58.2	66.0	10.1	57.3	10.71
人工干草	57.9	65.4	10.1	59.4	10.63
干草饼	53.1	58.6	9.1	53.3	9.75
青贮饲料	59.0	69.3	11.3	60.5	11.59

注：引自玉柱等，2010

青贮饲料消化率高低能够反映动物对青贮饲料的利用效率，能更好地评价青贮饲料的降解特性和营养价值。青贮饲料消化率评定方法主要有体内法、半体内法和体外法。

一、体内法（*In vivo*）

体内法是通过活体消化实验来评定饲料中的营养价值。该法主要通过评定饲料的采食量、降解率、消化率、流通和发酵速率，使研究者对各饲料在消化道层次上的消化率差异有一个客观认识。体内法是国际上公认的饲料消化率测定方法。但是，体内法需要对测定动物装置瘤胃瘘管及十二指肠瘘管，操作过于复杂，花费巨大，而且不符合试验研究的发展趋势和动物福利的有关规定，因此不适于大范围的使用。

二、半体内法（*In situ*）

半体内法也即尼龙袋法，是评定饲料在瘤胃中降解率的一种常用方法。尼龙袋法可以测定瘤胃中饲料营养物质的降解率，可将反刍动物饲料营养价值评定与营养需求的研究和瘤胃中微生物的活动联系起来，体现了反刍动物的生物学特征。尼龙袋法是把被定量测饲料样品装入统一规格的尼龙袋中，将尼龙袋通过瘤胃瘘管放入瘤胃中进行培养，每间隔一定时间取出尼龙袋，对发酵后的残渣进行分析，得到该时间点的饲料降解率（图3-9）。通过测定多个时间点的降解率，可计算出瘤胃中的发酵参数。该方法的优点是成本低、操作简单，便于推广和应用。缺点是影响实验结果的因素较多，对不同试验间的结果比较有所妨碍。在应用这种方法时，需要对实验目的、设计标准及试验条件进行说明，在分析实验结果时也要对操作过程细致描述。

图3-9 尼龙袋法测定青贮苜蓿消化率

三、体外法（*In vitro*）

体外产气法是当前国内外应用较广泛的反刍动物日粮营养价值评定方法。体外产气法的原理是消化率不同的饲料在相同时间内产气量与产气率不同。体外产气法应用广泛，该方法可以比较准确估测饲料在瘤胃中有机物消化率和干物质采食量；可估计单一饲料或混合料的代谢能值；可测定添加剂和瘤胃调控作用效果；可以评定瘤胃中各种微生物区系对饲料发酵降解的相对作用；可预测出动物代谢过程中产生的有害气体的数量等。与体内法相比，该方法的优点是不需要饲养大量的试验动物，其测定结果与尼龙袋法高度正相关。所以，体外产气法的优点是简单、便捷、重复性好、成本低（图3-10）。

体外酶解法是利用体外连续培养系统，模拟动物消化道酶和水解条件，在体外测定饲料消化率的方法。早期由Tilley等提出的两步酶解法是将饲料和瘤胃液在试管中培养48h，之后再用胃蛋白酶在强酸性环境下（pH值约为2）培养48h，使用此法模拟瘤胃和一部分小肠的消化过程，收集和分离培养结束后的残渣，并测定其化学成分。两步法的缺点是由于不能测定饲料动态消化率和不符合反刍动物瘤胃食糜外排的生理特性，造成结果稳定性和准确性受到影响。Calsamiglia等在两步法基础上创新提出了三步法，用以测定饲料非降解部分在动物小肠中的消化率。过程是先将待测定饲料经过瘤胃滞留16h，再用盐酸—胃蛋白酶消化，最后再通过缓冲液磷酸盐—胰酶消化24h。为避免试验中应用的三氯乙酸的腐蚀性和毒性对实验者及环境的损害，Gargallo等采用体外模仿培养箱放置尼龙袋来测定蛋白质在小肠中的消化率。克服了三氯乙酸的限制性，同时减少了劳动量，也降低了试验成本。应用酶解法测定饲料消化率时，不同来源的瘤胃液是测定值发生变化的重要原因。

图3-10　全自动产气记录仪测定青贮苜蓿消化率

　　体外连续培养系统的产生，弥补了产气法和酶解法分批次不能够持续较长时间的缺点，与批次培养相比，连续培养系统能比较真实地反映饲料在反刍动物体内瘤胃发酵的情况。体外连续培养系统包括单外流和双外流型培养系统。单外流系统简单、方便、能收集发酵产生的气体，缺点是不能区分发酵流出液的液相和固相组分。双外流系统模拟活体瘤胃发酵情况，瘤胃液和消化糜固相外流速度分别加以控制，更接近反刍动物瘤胃内发酵实际情况。

第四章 苜蓿青贮饲用技术

苜蓿青贮可以降低苜蓿干草制作过程中由于干燥、晾晒、叶片脱落等原因造成的损失，并且其制作不受天气和季节的影响，良好的苜蓿青贮具有青绿多汁、适口性好、消化率高，保持青鲜的营养状态，并能长期保存等优点，是家畜冬春良好的粗饲料。近年来，苜蓿青贮工艺不断改进完善，通过更先进的机械加工和贮藏设备等措施，提高苜蓿青贮品质，苜蓿青贮词料的制作和取用过程逐渐向机械化和自动化方向发展，使用率及推广率也就更高，在美国北部和东北部的许多牧场，已经开始大量应用苜蓿青贮饲料作为日粮中的粗饲料饲喂高产奶牛。我国在华北和东北等地区，由于降雨和高温同期，在苜蓿收获季节遭雨淋的几率更大，苜蓿制作成青贮饲喂应用尤为重要。其他地区也开始尝试利用当地自有苜蓿制作苜蓿青贮，直接供给大中型奶牛养殖场。

第一节 苜蓿青贮饲用价值

粗饲料的品质一直都是奶牛养殖业的瓶颈，近年来养牛人都开始认识到粗饲料中粗蛋白（CP）、干物质（DM）、中性洗涤纤维（NDF）、酸性洗涤纤维（ADF）、淀粉（Starch）等一些指标的重要性，而青贮饲料作为主要粗饲料其制作加工技术逐渐受到牛场的重视。由于苜蓿含有大量易消化的营养成分以及物理有效纤维（peNDF），一直是高产奶牛的首选饲料，且因其丰富的营养价值而被誉为"饲草之王"在畜牧产业被广泛使用，特别是在现代化、规模化的牧场更是发挥着举足轻重的作用。鉴于进口苜蓿价格高昂，国产苜蓿干草因加工制作时常常与雨热同季，技术难度高，使得半干苜蓿青贮的制作运用近年来逐步推广。制作优质苜蓿青贮的目标是通过收割、晾晒、捡拾以及压实发酵贮存直到饲喂，使苜蓿中的营养成分最大程度接近于刚刚收获时所含的营养成分。

青贮饲料能有效地保存青草的营养成分。适时青贮，其营养成分损失一般不超过15%。而在制作干草的自然风干过程中，由于植物细胞并未立即死亡，仍在继续呼吸，就需要消耗和分解营养物质，在风干过程中其营养损失约30%。如果在风干过程中遇到雨淋或发霉变质，则损失将达到50%左右。与苜蓿干草相比，苜蓿青贮饲料能较多地保存植物的营养物质，适口性好，青贮料经过乳酸发酵后，生成大量的乳酸和少部分乙酸，质地柔软，具有酸甜清香味，牲畜都很喜食，且为蛋白质、维生素特别是胡萝卜素与某些未知因子的重要来源。

苜蓿在包括收获、贮存及饲喂的过程中，蛋白质、碳水化合物、脂类等都会发生变化。

一、青贮苜蓿的蛋白状况

粗蛋白（CP）包括真蛋白和非蛋白蛋（Non-protein Nitrogen，NPN）。苜蓿的不同部位蛋白质（CP）含量不同，CP主要集中在叶片中，一般含蛋白质22%~26%。所以，叶片占苜蓿DM的比重越低，蛋白含量就越少。蛋白质的含量除了受品种和土壤肥力因素影响外，最主要受刈割时间的影响，其次和田间作业水平有关。粗蛋白含量的变化可反映苜蓿青贮在制作过程中养分的损失情况。苜蓿割后，不管晾晒与否，植物体内的一系列酶促反应都会造成蛋白质降解为肽及游离氨基酸（FAA），直至酶活性被抑制或失活。Messman等（1994）报道，苜蓿鲜草粗蛋白中真蛋白含量为100%，苜蓿干草为83%，而苜蓿青贮的真蛋白只有37%，其余的均被降解为非蛋白氮。从反刍家畜氮的代谢过程来看，NPN不能被家畜有效地利用，从而造成苜蓿蛋白的严重损失，特别是对碳水化合物不足的日粮。据报道，苜蓿在青贮过程中产生的NPN的量高达苜蓿总氮的50%~87%，而苜蓿青贮蛋白在家畜瘤胃中降解后过瘤胃蛋白（rumen undegraded protein，RUP）只有10%~23%，苜蓿青贮过程中蛋白的水解现象是贮料在发酵过程中由于植物蛋白酶及微生物酶的作用，使苜蓿真蛋白被分解为肽、游离氨基酸以及氨等NPN的过程。研究表明，苜蓿青贮蛋白的这种降解现象几乎在整个青贮过程中都在进行，而且苜蓿蛋白水解形成NPN的速率最快的是在青贮的第1d。同时，在青贮1周时NPN的产量最大。从苜蓿蛋白组成来看，青贮后酶蛋白核酮糖-1,5-二磷酸羧化酶加氧酶（占苜蓿总蛋白的32%~40%）部分在青贮2d时全部被分解。原生质和叶绿体中的可溶性蛋白（占苜蓿总蛋白的25%）大部分被降解，而只有叶绿体膜蛋白（占苜蓿总蛋白的25%）能够大部分保留，但从这部分蛋白的氨基酸组成来看，其营养价值相对较低，因此评价苜蓿青贮的营养成分不能简单地以CP来衡量。

二、苜蓿青贮的碳水化合物状况

碳水化合物（糖、淀粉、果胶、半纤维素和纤维素等）是一类重要的能量营养素，在动物日粮中占一半以上。苜蓿青贮过程中，水溶性碳水化合物（WSC）含量变化较大。鲜苜蓿和晾晒苜蓿青贮后，WSC含量分别为1.4%和1.1%，比青贮前少

43g/kgDM和65g/kgDM。Charmley等（1991）认为青贮时WSC的含量并不是决定苜蓿青贮适宜性的重要因子，青贮期间6.3%的WSC可从其他底物中获取，而水分含量高是苜蓿难以青贮的主要原因。当苜蓿干物质为29%时，青贮56d后WSC由6.2%降到1.3%，半纤维素损失29g/kgDM，说明酸水解对半纤维素的作用是比较小的，纤维素也损失较少，果胶的损失为15g/kgDM。青贮21d时，微生物活动变弱，结构性碳水化合物（半纤维素+纤维素+果胶的损失）占WSC损失的4/5，说明有相当量的结构性碳水化合物可作为发酵的底物（Yahaya等，2001）。

研究表明青贮70d后，NDF含量下降，而ADF含量没有变化（Mustafa等，2003）。青贮过程中，木质化程度轻，或没有木质化的组织或多或少会被降解，如薄壁组织，但木质化程度高的组织不会被降解，如厚壁组织和维管束。由于微生物对胞外纤维素产生作用，缩短了纤维素链长度，更有利于酶发挥作用，苜蓿青贮的纤维素消化率在青贮后从67.9%增加到70.3%（Morrisom，1979）。

三、苜蓿青贮的其他营养成分

苜蓿含有少量的脂肪，但含有丰富的维生素和矿物质。苜蓿从收割、晾晒、到青贮后，脂肪含量先升高后降低，分别为4.4%、4.9%和2.3%。叶绿素a和叶绿素b在青贮的第1d即分别降低38%和28%，发酵28d后，叶绿素a和叶绿素b的含量分别为0.33μg/gDM和0.04μg/gDM（Makoni等1997）。此外如果没有渗出物的产生，由于发酵使有机质损失，造成苜蓿青贮矿物质的浓度会增高。如果青贮时有渗出物的产生，而青贮渗出物中的灰分含量常常比牧草中的灰分含量高得多，因此青贮料矿物质含量就比牧草相应低，但由于发酵和氧化使有机质的损耗抵消并超过流出物矿物质的损失，就有可能出现青贮矿物质含量的增加。

第二节 苜蓿青贮饲喂技术

一、苜蓿青贮在奶牛饲养中的应用

苜蓿青贮保持了青绿饲料营养特性、减少了养分损失、提高了干物质（DM）有效降解率和粗蛋白（CP）利用率，降低粗纤维（CF）、中性洗涤纤维（NDF）、酸性洗涤纤维（ADF）和酸性洗涤木质素（ADL）的含量，适口性好，奶牛日粮中添加饲喂苜蓿青贮，饲喂奶牛具有更好的效果。

Dhiman等（1997）奶牛试验用日粮为精粗比50∶50，粗料分为3种形式：全苜蓿青贮、2/3苜蓿青贮和1/3玉米青贮、1/3苜蓿青贮和2/3玉米青贮（干物质水平），日粮为全混合形式。结果表明，1/3玉米青贮组干物质采食量较高，1～36泌乳周的奶牛平均3.5%校正乳产量，全苜蓿青贮组为31.0kg/d，2/3苜蓿青贮组为32.9kg/d，1/3苜蓿青贮组为31.8kg/d，305天的经产牛产奶量，全苜蓿青贮组为9 593kg，2/3苜蓿青贮组为10 170kg，1/3苜蓿青贮组为10 024kg。而初产牛的对应值为8 124kg、8 412kg和9 168kg。在经产牛试验中，1/3苜蓿青贮组泌乳初期乳脂率有所降低。当日粮中玉米青贮添加量增加后，瘤胃氨浓度降低，氮排泄量减少6%～15%。可见，玉米青贮与苜蓿青贮混合饲喂奶牛，玉米青贮应占奶牛粗饲料的1/3～2/3，这样可以提高蛋白质利用率，使产奶量增加。Vagnoni等（1997）也得出了相同的结论，苜蓿干草和青贮分别占干物质总量的75%和50%，对应添加24%和40%的高水分玉米粉作为经产奶牛的饲料。结果，随着玉米粉在日粮中添加量增加，乳蛋白和微生物蛋白的产量增大。Cadornig等（1993）在泌乳初期奶牛日粮中，用高水分玉米粉替代部分苜蓿青贮，可以增加每天乳蛋白产量260g。

李志强等（2015）奶牛饲喂试验日粮中苜蓿青贮替代玉米青贮的量分别为0kg（对照）、4kg和8kg鲜重，相应日粮干物质（DM）中粗蛋白含量分别为17.45%、17.73%和18.01%，日粮配方见表4-1。结果表明，苜蓿青贮部分替代玉米青贮，可以极显著提高干物质采食量（DMI）、奶量、4%标准乳产量、乳蛋白率、乳蛋白产量、乳脂产量（$P<0.01$）。苜蓿青贮部分替代玉米青贮对于乳脂率和饲料转化率没有显著的影响（$P>0.05$）。在奶牛日粮中使用苜蓿青贮替代玉米青贮，可以提高经济效益，与对照组相比，8kg组纯增效益最高。

表4-1 日粮配方及营养成分含量

	0AS	4AS	8AS
艾福斯90精料（%DM）	6.7	6.7	6.7
乐福1918精料	51.0	51.0	51.0
羊草（%DM）	18.0	18.0	18.0
酒糟（%DM）	3.6	3.6	3.6
玉米青贮（%DM）	20.7	14.7	8.7
苜蓿青贮（%DM）	0	6.0	12.0
营养成分含量			
NE_L（MJ/kg DM）	7.33	7.23	7.13
粗蛋白（%DM）	17.45	17.73	18.01

（续表）

	0AS	4AS	8AS
中性洗涤纤维（%DM）	40.27	39.56	38.86
酸性洗涤纤维（%DM）	20.75	20.77	20.79
钙（%DM）	1.51	1.63	1.76
磷（%DM）	0.34	0.35	0.36

宋伟红等（2017）利用260头荷斯坦泌乳牛进行了为期3个月饲喂试验研究，其中试验组饲喂10kg的半干苜蓿青贮，对照组饲喂6kg的进口苜蓿，试验结果表明，饲喂苜蓿半干青贮对泌乳牛日采食量无显著影响，产奶量与乳成分无显著差异。

史卉玲（2013）以24头泌乳荷斯坦奶牛为研究对象，在精粗比50∶50相同的精料前提下，苜蓿青贮与玉米青贮的比例为10∶40（A组）、20∶30（B组）、30∶20（C组）、40∶10（D组），苜蓿青贮添加量分别为2.25kg/d DM、4.23kg/d DM、6.34kg/d DM、8.70kg/d DM。随着苜蓿青贮添加比例的增加，奶牛的干物质采食量逐渐增加，且B、C、D组均与A组差异显著。当粗饲料中苜蓿青贮与玉米青贮比例为40∶10时，提高了奶牛氮的摄入量和奶氮含量；对血液中白蛋白、尿素氮、游离脂肪酸和血液中血钙、血磷含量也均得到了增加，保证了奶牛生产所需的能氮平衡，奶产量、乳脂产量、乳蛋白产量、乳糖产量均得到增加。

陈亮等（2012）研究了80头荷斯坦奶牛日粮中添加苜蓿裹包青贮（试验组）和苜蓿青干草（对照组）饲喂试验，日粮配方见表4-2结果表明，饲喂苜蓿青贮提高了奶牛产奶量、乳蛋白率、日均乳蛋白量、乳脂率、日均乳脂量、乳糖率和非脂乳固体率。

表4-2 奶牛的日粮组成

组别	预饲料	玉米	豆粕	棉粕	麸皮	菜籽饼	胡麻饼	全棉籽	啤酒糟	湿糖渣	添加剂	苜蓿干草	苜蓿青贮	玉米苜蓿
					精饲料								粗饲料	
试验组	0.13	6.42	1.00	0.85	0.40	0.35	1.29	1.50	7.00	4.00	0.57	—	7.77	15.14
对照组	0.13	5.39	1.01	0.86	0.40	0.35	1.29	1.50	7.00	4.00	0.57	4.00	—	18.01

注："—"表示不添加

许庆芳（2005）在北京三元集团北郊牛场开展的苜蓿青贮代替玉米青贮饲养高产奶牛试验表明，高产奶牛日粮中使用18kg苜蓿青贮可取得良好的生产效果，见表4-3。

表4-3 不同苜蓿青贮添加量日粮对奶牛生产性能的影响

项目	日粮1	日粮2	日粮3	日粮4	日粮5	日粮6
精料（kg）	15.97	16.36	16.74	19.05	19.05	19.59
羊草（kg）	2	2	2	2	2	2
全株青贮玉米（kg）	16	8	0	16	8	0
苜蓿干草（kg）	3	3	3	3	3	3
苜蓿颗粒（kg）	0.6	0.6	0.6	0.6	0.6	0.6
膨化大豆（kg）	3.21	3.21	3.21	0	0	0
苜蓿青贮（kg）	0	9	18	0	9	18
产奶量（kg/d）	34.52	34.81	35.20	35.54	35.84	36.09
乳脂率（%）	3.65	3.84	3.75	4.05	3.73	4.06
乳蛋白率（%）	3.00	3.01	3.08	3.11	3.16	3.19
乳糖（%）	4.52	4.47	4.48	4.47	4.55	4.53
干物质（%）	12.79	12.86	12.91	13.01	12.85	12.77
SCC（$\times 10^3$/mL）	231.50	226.48	230.73	235.93	236.68	237.78

二、苜蓿青贮在肉牛饲养中的应用

Mader等（1991）研究了肉公牛日粮中添加玉米青贮、苜蓿青贮和苜蓿干草的饲喂效果，结果表明添加苜蓿青贮的干物质采食量和采食率均显著高于添加玉米青贮和苜蓿干草，说明苜蓿青贮的适口性更佳。张凌青等（2012）选取18头西门塔尔杂交育肥牛，日粮中分别添加苜蓿干草、苜蓿青贮和苜蓿青贮+玉米青贮，饲料配方见表4-4，饲喂90d后，结果显示，用苜蓿青贮饲喂育肥肉牛，增重和养殖经济效益都比苜蓿干草好，苜蓿青贮和玉米青贮混合饲喂有利于提高饲料的利用率，头均累计增重和头均日增重，苜蓿青贮组、苜蓿青贮+玉米青贮组极显著高于苜蓿干草组（$P<0.01$），苜蓿青贮+玉米青贮组和苜蓿青贮组之间差异不显著（$P>0.05$），但苜蓿青贮+玉米青贮组的增重效果要高于苜蓿青贮组；在精饲料一致的条件下，只考虑粗饲料和增重效益，苜蓿青贮+玉米青贮组比苜蓿干草组多盈利655.46元，苜蓿青贮比苜蓿干草组多盈利663.84元。

表4-4 肉牛饲喂的粗饲料配方（风干，%）

分组	苜蓿干草组	苜蓿青贮组	苜蓿青贮+玉米青贮组	玉米青贮组
玉米秸秆	50	50	50	50
苜蓿干草	50	/	/	/
苜蓿青贮	/	50	25	/
玉米青贮	/	/	25	50

注：精粗比例：体重350～400kg时为3.5～4.0；体重400～450kg时为4.0～4.5；体重450kg以上为4.5～5.0

三、苜蓿青贮在肉羊饲养中的应用

随着肉羊产业的发展，苜蓿青贮逐渐被应用到肉羊养殖产业中，且利用青贮苜蓿养殖肉羊经济效益显著。周全佚等（2018）选择3～4月龄的60只小尾寒羊进行了添加饲喂苜蓿裹包青贮效果试验，试验混合饲草配方按苜蓿裹包青贮与玉米裹包青贮的不同质量比混合搭配而成，二者的比例分别为1∶0（A组）、8∶2（B组）、6∶4（C组）、4∶6（D组）、2∶8（E组）、0∶1（F组），每组每只30kg/d，精料水平相同。经过50d饲喂试验，结果表明（表4-5、表4-6），青贮苜蓿与青贮玉米不同比例混合饲喂小尾寒羊，可明显提高小尾寒羊对饲草的采食量，且饲喂效果优于单一饲喂青贮苜蓿和青贮玉米，对饲喂小尾寒羊的育肥效果显著，其中试验E组体质量增加效果和饲草转化率最好，经济收益可观。

表4-5 不同比例混合饲草对育肥羔羊体质量增加的影响

处理	初始体质量（kg）	结束体质量（kg）	总增质量（kg）	平均日增质量（kg/d）	饲草转化率（%）
试验A组	28.60 ± 1.94[a]	37.94 ± 1.61[a]	9.37 ± 0.71[a]	0.187 8 ± 0.014 4[a]	7.30 ± 0.56[a]
试验B组	30.87 ± 2.22[a]	40.85 ± 2.85[a]	9.98 ± 1.40[a]	0.201 1 ± 0.028 2[a]	7.71 ± 1.08[a]
试验C组	32.04 ± 1.13[a]	41.47 ± 1.37[a]	9.43 ± 0.46[a]	0.188 6 ± 0.009 5[a]	7.26 ± 0.36[a]
试验D组	31.47 ± 1.68[a]	41.06 ± 2.27[a]	9.59 ± 0.76[a]	0.191 1 ± 0.015 1[a]	7.47 ± 0.59[a]
试验E组	31.70 ± 2.41[a]	41.85 ± 3.36[a]	10.15 ± 1.77[a]	0.203 3 ± 0.362[a]	7.94 ± 1.39[a]
试验F组	32.98 ± 1.84[a]	41.22 ± 2.18[a]	8.24 ± 0.97[a]	0.163 3 ± 0.019 7[a]	6.45 ± 0.76[a]

表4-6 饲喂不同比例混合饲草育肥羔羊经济效益的对比与分析

处理	总增质量（kg）	增收（元）	耗草量（kg）	饲草成本（元）	耗料量（kg）	精料成本（元）	经济效益（元）
试验A组	9.37[a]	187.42[a]	128.31[c]	102.65[a]	40	80	4.77
试验B组	9.98[a]	199.56[a]	129.35[ab]	98.31[b]	40	80	21.25
试验C组	9.43[a]	188.60[a]	129.94[a]	93.55[c]	40	80	15.05
试验D组	9.59[a]	191.73[a]	128.41[bc]	87.32[d]	40	80	24.41
试验E组	10.15[a]	202.98[a]	127.80[c]	81.79[e]	40	80	41.19
试验F组	8.24[a]	164.71[a]	127.70[c]	76.62[f]	40	80	8.09

注：经济效益为增收与饲料成本和精料成本之间的差值，裹包青贮苜蓿按0.8元/kg计算。裹包青贮玉米按0.6元/kg计算，精料按2元/kg计算，羊肉价格按毛重市场价格20元/kg计算

李新媛等（2015）将紫花苜蓿、红豆草分别与去穗玉米秸秆、带穗玉米秸秆、燕麦以不同比例混合青贮，进行饲喂肉羊试验，结果表明40%比例紫花苜蓿与带穗玉米混合青贮，可显著提高育肥肉羊日增重。

蒋慧（2017）选用基础日粮（见表4-7）与苜蓿干草（Ⅰ），100%骆驼刺（Ⅱ），30%骆驼刺+70%苜蓿（Ⅲ），50%骆驼刺+50%苜蓿（Ⅳ），70%骆驼刺+30%苜蓿（Ⅴ）青贮饲喂多浪羊，结果表明，50%骆驼刺+50%苜蓿组在3组混合青贮中，饲喂效果最好。

表4-7 日粮组成及营养成分

	Ⅰ	Ⅱ	Ⅲ	Ⅳ	Ⅴ
原料					
玉米	10	10	10	10	10
苜蓿	10				
骆驼刺青贮（以DM计）		10			
30%骆驼刺+70%苜蓿青贮（以DM计）			10		
50%骆驼刺+50%苜蓿青贮（以DM计）				10	
70%骆驼刺+30%苜蓿青贮（以DM计）					10
稻草	40	40	40	40	40

（续表）

	I	II	III	IV	V
草坪草	40	40	40	40	40
营养成分含量					
干物质（%）	88.08	88.18	88.11	88.13	88.15
粗蛋白（%）	7.37	7.28	7.17	7.26	7.29
总能（Mcal/kg）	3.53	3.51	3.52	3.52	3.51
消化能（Mcal/kg）	2.43	2.40	2.36	2.34	2.30
中性洗涤纤维（%）	43.30	44.64	44.55	44.28	44.15
酸性洗涤纤维（%）	36.83	38.43	38.35	38.13	37.88
粗灰分（%）	9.11	8.95	9.06	9.03	9.00
钙（%）	0.45	0.34	0.41	0.39	0.37
磷（%）	0.13	0.12	0.13	0.13	0.12

注：营养成分为测定值，消化能为估算值。另按每kg含有以下成分：氯化钠300g；钙160g；磷60g；铁1 800mg；铜350mg；锰2 160mg；锌2 660mg；硒14mg；碘21mg；钴18mg制成舔砖，挂于食槽旁，由羊自由舔食

四、苜蓿青贮在母猪饲养中的应用

猪是杂食动物，能利用各种动植物和矿物质饲料。苜蓿在猪饲养中应用以草粉添加饲喂最为常见，且不论是在育肥猪还是妊娠母猪具有良好的饲喂效果。但是由于苜蓿草粉成本较高，相对成本较低的苜蓿青贮逐渐在猪饲养中开始尝试。王腾飞等（2018）选取115头后备母猪以添加不同苜蓿青贮和苜蓿草粉进行饲喂试验，日粮中添加青贮苜蓿对初产母猪繁殖阶段背膘的保持有着积极的作用，可以提高初产母猪的产活仔数以及仔猪的断奶重，对初产母猪的繁殖性能和血液指标有着良好的促进作用，日粮配方见表4-8。

表4-8　试验日粮的组成及营养水平

类别	项目	对照组	青贮苜蓿组	10%苜蓿草粉组	15%苜蓿草粉组	20%苜蓿草粉组
日粮组成	玉米（%）	44.03	52.26	52.26	46.69	41.11
	小麦（%）	20.00	20.00	20.00	20.00	20.00
	高蛋白去皮豆粕（%）	11.14	13.76	13.77	12.94	12.12

（续表）

类别	项目	对照组	青贮苜蓿组	10%苜蓿草粉组	15%苜蓿草粉组	20%苜蓿草粉组
日粮组成	麸皮（%）	19.54	0	0	0	0
	苜蓿草粉（%）	0	0	10.00	15.00	20.00
	青贮苜蓿（%）	0	10.00	0	0	0
	豆油（%）	1.50	0.64	0.64	2.27	3.91
	石粉（%）	1.32	0.94	0.94	0.78	0.61
	磷酸氢钙（%）	1.07	1.00	1.00	0.92	0.85
	食盐（%）	0.40	0.40	0.40	0.40	0.40
	预混料（%）	1.00	1.00	1.00	1.00	1.00
营养水平	粗蛋白（%）	14.40	14.40	14.40	14.40	14.40
	粗脂肪（%）	4.30	4.30	4.30	4.30	4.30
	粗纤维（%）	3.05	3.38	4.07	4.91	5.76
	钙（%）	0.79	0.79	0.80	0.80	0.81
	总磷（%）	0.62	0.62	0.62	0.62	0.62
	可利用磷（%）	0.35	0.35	0.35	0.35	0.36
	盐（%）	0.47	0.47	0.47	0.47	0.47
	赖氨酸（%）	0.69	0.69	0.70	0.69	0.71
	消化能（kJ/kg）	13 088	13 088	13 088	13 096	13 084

注：1%预混料能为每千克全价日粮提供维生素A 14 500IU、维生素D_3 3 000IU、维生素E 65mg、维生素K 3.4mg、核黄素8.0mg、泛酸18mg、尼克酸55mg、胆碱350mg、生物素2mg、叶酸 0.65mg、维生素B_{12} 30μg、铜20mg、铁145mg、锰30mg、锌145mg、碘0.35mg、硒0.35mg。粗蛋白、钙、总磷为测定值，其他为计算值

陈亮等（2014）选取30头公香猪，日粮中添加苜蓿包膜青贮进行饲喂试验，日粮组成及营养水平见表4-9。结果表明利用苜蓿包膜青贮饲喂香猪可以促进香猪生长，提高增质量效果，增加经济效益，对发展节粮型畜牧业具有推广价值。

表4-9 育肥香猪日粮组成及营养水平

项目	5~9周龄			10~21周龄		
	对照组	试验Ⅰ组	试验Ⅱ组	对照组	试验Ⅰ组	试验Ⅱ组
精饲料						
玉米（%）	50	50	50	50	50	50

（续表）

项目	5～9周龄			10～21周龄		
	对照组	试验Ⅰ组	试验Ⅱ组	对照组	试验Ⅰ组	试验Ⅱ组
麸皮（%）	10	10	10	20	20	20
米糠（%）	11	11	11	11	11	11
豆粕（%）	25	25	25	15	15	15
预混料（%）	4	4	4	4	4	4
饲喂量（kg·d^{-1}）	0.5	0.5	0.5	0.4	0.4	0.4
粗饲料						
苜蓿青贮（%）		20			10	
柠条青贮（%）			40			20
稻草酶贮（%）	70			70		
稻草秸秆（%）	30	80	60	30	90	80
饲喂量（kg·d^{-1}）	2.0	1.8	1.8	2.0	2.0	2.0
营养水平						
消化能（MJ·kg^{-1}）	12.9	14.07	14.73	12.9	12.84	13.89
粗蛋白（%）	13.97	16.35	14.64	12.67	12.83	12.64
钙（%）	0.6	0.79	0.91	0.6	0.62	0.72
磷（%）	0.43	0.41	0.38	0.45	0.33	0.34

第三节 苜蓿青贮使用注意事项

一、纠正对苜蓿青贮饲用价值认识的误区

目前，我国苜蓿市场上已有苜蓿干草质量等级标准，很多牧场（奶农）采购苜蓿干草时利用RFV（Relative Feed Value）来衡量干草质量，RFV计算如下。

RFV=DMI×DDM/1.29（DMI为干物质采食量，单位为%BW；DDM为可消化干物质，单位为%DM）；

DMI（%BW）=120/NDF（%DM）；

DDM（%DM）=88.9-0.779ADF（%DM）。

苜蓿青贮质量评价目前还缺乏市场普遍认可的评价标准，如果完全按照干草评价标准评价苜蓿青贮显然不客观。因为，在苜蓿青贮发酵的过程中，细菌会消耗苜蓿所含的糖分，而不会消耗细胞壁这样的纤维物质。所以入窖前苜蓿的NDF如为40%，发酵后会成为42%，甚至更高。青贮发酵通常还会导致干物质损失1%～2%，也就是入窖时干物质含量为35%，发酵后成为33%～34%。NDF增高伴随干物质降低，苜蓿的RFV就会相应降低。青贮中诸如水分含量过高或过低、压实不够、封窖慢等很多因素都会导致氧气消耗慢，有氧呼吸会增加牧草糖分和干物质的消耗，因而同样质量的苜蓿青贮料，青贮后NDF可能有10%的差异。良好的收获和青贮管理措施才能生产出高质量的苜蓿青贮，否则，优质的原料也可能生产出品质特别差的青贮。因此，评价青贮饲料的质量应该同时考虑它的饲用品质和发酵品质，只有饲用和发酵质量都为优等，青贮饲料的质量才能说达到了优等。

Dairy one实验室提出了用VFA评分来评价青贮饲料的质量。这一评分系统将乳酸和乙酸作为两个正相关量，丁酸作为负相关量，给予不同权重（表4-10），类似于RFV的概念。

表4-10 Dairy one提出的VFA青贮饲料评价标准

样品	乳酸	乙酸	丁酸	VFA分数	等级
A	5.94	0.83	0.01	8.74	好（VFA8-10）
B	4.37	1.96	0.05	7.42	满意（VFA6-8）
C	2.06	5.32	0.24	5.74	需要提高（VFA3-6）
D	0.91	4.42	1.79	0.30	差（VFA<3）

二、饲喂苜蓿青贮应注意补充过瘤胃蛋白

饲喂苜蓿青贮宜添加过瘤胃蛋白。发酵过程中，苜蓿中所含CP由于瘤胃微生物作用而降解成NPN。在青贮时苜蓿中通常有50%～60%，甚至80%的总氮转变成NPN形式（Cuchini et al.，1997）。苜蓿中真蛋白质降解为NPN，实质上降低了产奶牛的粗蛋白利用率（Broderick，1995）。奶牛小肠中吸收的蛋白质分为微生物蛋白和过瘤胃蛋白两种形式。苜蓿青贮作为奶牛唯一的饲草来源，总蛋白含量高，瘤胃降解蛋白高，而过瘤胃蛋白含量低。而添加过瘤胃蛋白可以增加奶牛乳产量（Dhiman et al.，1993）。Brod-erick（1995）试验也得出相同结论，奶牛日粮中苜蓿青贮添加过瘤胃蛋白比苜蓿干草添加效果好，相对奶牛的乳蛋白分泌量较大。

三、青贮饲喂取用注意事项

①青贮苜蓿取用时，取料面要平滑，尽可能缩小取料范围，自上而下取料，不可掏心打洞。长方形青贮池的取料方法是从预留的取料口一端开始。取料后一定要立即盖严密封。

②青贮饲料的饲喂本着循序渐进的方式由少到多逐步增加，待家畜适应后再定量饲喂。刚开始饲喂时，青贮饲料的添加量可以是日饲喂量的1/3，以后可逐渐增加至50%以上。

③取料量可根据牲畜的存栏量及饲喂量而定，以当日用完为好，切忌取1次用多日。剩余的青贮苜蓿要从食槽中清除，尽量不饲喂过夜的青贮料。妊娠后期的母牛最好不饲喂青贮料，以防引起流产。冰冻的青贮料要先化冻后再饲喂家畜。

④感官检验为质量低劣或卫生指标不合格的青贮料不可饲用。

⑤如需更换饲料时，要逐渐减少青贮饲料的饲喂量，同时逐渐增加要代替饲料的量，以防止因饲料的突然更换而影响家畜的生长发育。

第五章　苜蓿青贮加工利用模式及应用

第一节　就地加工，销售配送

在山区和丘陵等苜蓿集中种植地区，由于无法使用大型收割和加工设备，导致苜蓿加工利用率不高，资源优势得不到有效发挥。近年来，畜牧技术推广部门通过苜蓿小型包膜青贮加工调制新技术、新工艺的引进、试验和示范推广，使山区和丘陵地区苜蓿得到有效加工利用，为合理储存利用饲草资源，实现优质饲草与高效养殖的有机结合，保证退耕还林草效益，开展优质苜蓿青贮饲料商品化生产和销售配送，增加农民收入开辟了新的途径。

农民专业合作社、规模养殖（场）户采用专用饲草打捆机和包膜机，将苜蓿按照"适时收获→适当晾晒（调节含水量）→搂集→切碎（加入添加剂）→打捆→包膜→堆放"的工艺流程，通过添加乳酸菌、纤维素酶制剂和有机酸等饲草调制添加剂，加工调制优质苜蓿包膜青贮。

山区和丘陵地区由于不便于大型机械作业，往往采用小型圆盘式收割机进行收获，适宜收割期为现蕾期至初花期（20%开花见图5-1，图5-2）。

图5-1　现蕾期至初花期苜蓿

图5-2　小型机械适时收获

将刈割后的苜蓿进行晾晒（在天气晴好的情况下，一般晾晒8～12h，晾晒至叶片发蔫不卷即可，防止暴晒），当水分调节到45%～55%时，将原料及时运送到青贮制作地点（图5-3，图5-4）。

图5-3　晾晒苜蓿鲜草

图5-4　苜蓿含水率降至50%左右

使用饲草专用铡切设备，将原料进行切短，长度一般为2～3cm（图5-5，图5-6）。

图5-5　苜蓿铡短

图5-6　加入添加剂

将切碎的原料装入专用饲草打捆机中进行打捆（每捆重量在50～60kg）。为提高苜蓿包膜青贮发酵效果，在打捆前可将添加剂与切碎的原料混合均匀后进行打捆（图5-7）。打捆结束后，从打捆机中取出草捆，将草捆平稳放到包膜机上，然后启动包膜机用专用拉伸膜进行包裹，设定包膜机的包膜圈数以22～25圈为宜（保证包膜两层以上，图5-8）。

图5-7 苜蓿打捆

图5-8 苜蓿包膜

包膜完成后，从包膜机上搬下已经制作完成的包膜草捆，整齐地堆放在远离火源、鼠害少、避光、牲畜触不到的地方。堆放不应超过3层。搬运时不应扎通、磨破包膜，以免漏气。在堆放过程中如发现有包膜破损，应及时用胶布粘贴防止漏气（图5-9～图5-12）。

图5-9 堆放的苜蓿包膜青贮

图5-10 优质的苜蓿包膜青贮

图5-11 向规模养殖场配送

图5-12 向规模养殖户配送

2017年，宁夏宁南山区共加工制作苜蓿包膜青贮饲料3.5万t，较上年增加12.9%。向灌区规模奶牛场和肉牛场销售和配送苜蓿包膜青贮2.6万t，销售收入达到2 600万元以上，纯利润达520万元以上，有效带动了农民增收。

第二节　流转土地，种养结合

大型养殖企业为进一步提高家畜生产性能，保障优质牧草稳定供给，通过流转土地，大力种植优质苜蓿，开展苜蓿青贮全程机械化加工利用，实现了优质苜蓿种植和高效养殖一体化发展。

大型养殖企业采用大型苜蓿收割和捡拾设备，按照"适时收获→适当晾晒（调节含水量）→搂集→切碎（加入添加剂）→装入青贮窖（池）→压实→密封"的工艺流程，调制优质苜蓿半干青贮饲料。其适时收获期为现蕾期至初花期，采用大型往复式牧草收割机进行收获，然后使用搂草机将割倒的苜蓿搂集成条状进行晾晒（图5-13，图5-14）。

图5-13　苜蓿机械化收获

图5-14　苜蓿搂集

在天气晴好的状态下，对搂集后的苜蓿进行晾晒，一般晾晒4~6h，当水分达到45%~55%时，使用牧草专用捡拾设备，将晾晒好的半干苜蓿进行捡拾粉碎，长度一般控制在2~3cm（图5-15，图5-16）。

图5-15　苜蓿晾晒

图5-16　苜蓿机械化捡拾收获

将铡短后的苜蓿原料拉运至青贮制作地点，用装载机等大型机械进行压实，然后用青贮专用塑料薄膜进行覆盖，采用轮胎、沙袋或土压实密封（图5-17，图5-18）。

图5-17 苜蓿半干青贮（堆贮）制作

图5-18 密封保存

密封后的苜蓿青贮一般45d后就可以开窖使用。优质的苜蓿半干（窖贮）青贮色泽黄绿，味酸香，茎叶分明，是草食家畜优良的粗饲料（图5-19，图5-20）。

图5-19 苜蓿青贮感官检查

图5-20 优质苜蓿青贮

将苜蓿半干青贮运至饲料配制仓库，按照奶牛营养需要，使用全混合日粮搅拌车将青干草、精饲料与苜蓿青贮进行充分混合搅拌，拉运至圈舍进行投喂（图5-21～图5-24）。

图5-21 饲料原料仓库

图5-22 苜蓿青贮全混合日粮配制

图5-23 苜蓿青贮全混合日粮

图5-24 苜蓿青贮日粮投放

　　宁夏贺兰县中地生态牧场有限公司为了保障奶牛养殖优质高效发展，流转土地
4.7万亩，种植优质苜蓿2.8万亩，引进纽荷兰、克拉斯等大型牧草收割和捡拾铡短设
备，开展苜蓿半干青贮加工调制，加工量达到4.8万t。通过苜蓿青贮全混合日粮配制
和饲喂，泌乳牛日均单产较饲喂干苜蓿提高2kg，日均产奶量增加20t以上，年均增收
2 700万元以上。

第三节　标准化生产，商品化配送

　　饲草种植企业通过引进苜蓿种植和生产加工设备，开展苜蓿全程机械化生产，与
规模养殖企业签订协议，按照企业要求开展苜蓿青贮标准化生产和配送，在提高苜蓿
种植效益的同时，促进了草畜产业提质增效。

　　苜蓿适宜收获期和水分调节方法与制作苜蓿半干（窖贮）青贮相同（图5-25，
图5-26）。

图5-25 苜蓿机械化收获

图5-26 苜蓿晾晒

为进一步提高苜蓿青贮商品化生产水平，部分饲草种植、加工企业引进大型苜蓿裹包设备，开展大型苜蓿包膜青贮加工和商品化配送。大型裹包设备一般为牵引式，集捡拾、高密度打捆、缠绕裹包为一体，效率高、青贮质量好，单包重量达到700kg左右，便于运输和饲喂，深受大型养殖企业欢迎。

将水分调节至45%～55%的苜蓿用捡拾设备进行捡拾粉碎，传送设备将粉碎后的原料输入高密度打捆仓，当草捆重量达到700kg左右时，传送设备停止工作，高密度打捆仓对原料进行打捆。打捆完成后，仓门自动打开，将高密度草捆放置于裹包位置（图5-27，图5-28）。

图5-27 苜蓿机械化捡拾收获

图5-28 苜蓿高密度打捆

当高密度草捆放置于裹包位置时，裹包设备启动，对高密度草捆进行缠绕裹包，裹包完成后，自动将裹包投放在田地（图5-29~图5-31）。

图5-29　缠绕裹包

图5-30　投放裹包

图5-31　裹包后的苜蓿

使用裹包捡拾设备，稳妥地将裹包放置于运输车辆进行销售配送（图5-32）。

图5-32　装运配送

　　宁夏灵武市同德机械化作业服务专业合作社流转高产土地1.3万亩用于种植优质苜蓿，购置德国克洛尼圆捆包膜一体机4台，按照规模养殖企业需求，开展了优质苜蓿大型裹包青贮加工调制技术研究和示范，按照适时收获、晾晒、搂集、捡拾、粉碎、打捆和裹包的工艺流程，制作优质裹包青贮，每包重量达到700kg左右，品质优良，深受养殖企业欢迎，与宁夏金宇浩兴、贺兰山奶业、伊利集团等10家大型牧场签订了供销协议，开展了优质苜蓿包膜青贮标准化生产和配送，年加工量达到2万t以上，销售配送1.2万t，销售额达到1 200万元，较销售苜蓿干草增加300万元，销售利润达到240万元（图5-33）。

图5-33　优质的苜蓿裹包青贮

第四节　订单收购、高效利用

　　规模养殖企业通过规定粗蛋白、干物质、粗纤维等技术指标，与饲草种植和生产加工企业签订优质苜蓿收购订单，开展优质苜蓿青贮加工调制和高效利用，在提高家畜生产性能的同时，有效降低了养殖企业生产成本。

　　规模养殖企业将收购的苜蓿原料装窖，利用装载机等大型设备进行反复压实，当原料高于窖沿30～50cm时，用专用青贮薄膜进行覆盖，采用轮胎、沙袋或土进行压实（图5-34，图5-35）。

图5-34 覆盖塑料薄膜

图5-35 大型机械压实

当苜蓿青贮发酵时间达到45d以上时，就可以开窖取用（图5-36，图5-37）。

图5-36　苜蓿青贮全混合日粮饲喂

图5-37　密封后的青贮窖

通过对饲喂苜蓿青贮后的奶牛进行取样分析，单产水平、乳蛋白、乳脂肪等均有显著提高（图5-38，图5-39）。

宁夏吴忠市金宇浩兴农牧业股份有限公司与苜蓿种植企业签订了供货协议，按照高产奶牛饲喂技术要求，对苜蓿粗蛋白含量、干物质比例等关键技术指标进行了明确要求，开展苜蓿半干青贮加工和利用，以优质苜蓿青贮替代了进口苜蓿，通过饲喂证明，生鲜乳乳蛋白达到3.1g/100g以上，头均日单产达到33.8kg，分别较饲喂苜蓿干草提高0.15个百分点和1.5kg。替代进口苜蓿后，每吨苜蓿节约成本600元，全年因此一项节约成本240万元左右。饲喂苜蓿青贮后，年增加鲜奶产量2 025t，增加收入668万元。

图5-38 对饲喂苜蓿青贮的奶牛进行采样

图5-39 分析乳成分

参考文献

蔡敦江，周兴民.1997.苜蓿添加剂青贮、半干青贮与麦秸混贮的研究[J].草地学报（2）：123-127.

陈谷.2012.苜蓿科学生产技术解决方案[M].北京：中国农业出版社.

陈亮，尹庆宁，杜杰，等.2014.苜蓿及柠条包膜青贮与稻草酶贮饲料对香猪育肥效果的影响[J].饲料研究（21）：65-68.

陈亮，张凌青，罗晓瑜，等.2012.苜蓿青贮对奶牛产奶量、乳品质及养殖效益的影响[J].安徽农业科学，40（33）：16 171，16 172-16 219.

董宽虎，2003.干燥方法对苜蓿草粉营业价值的影响[J].草地学报，11（4）：334-337.

段珍，李晓康，李霞，等.苜蓿青贮与苜蓿干草的营养价值比较[J].中国奶牛，2018（5）：16-19.

段珍，李晓康，张红梅，等.2018.苜蓿青贮技术研究现状[J].草学（2）：5-11.

冯骁骋，曾洁，王伟，等.2018.我国苜蓿产业发展现状及存在的问题[J].黑龙江畜牧兽医，02：135-137.

冯长松，王二耀，李文军，等.2015.紫花苜蓿秋眠性评价系统及其应用[J].生物学通报，50（5）：1-3.

高菲.2012.基于秋眠性的中国紫花苜蓿气候适应区区划研究[D].北京：北京林业大学.

高敏.2011.现代节水滴灌在苜蓿种植中的应用[J].草业与畜牧，185（4）：18-19.

高树，陈家发，徐天海，等.2018.裹包苜蓿青贮制作要点及推广研究[J].中国奶牛，4：14-16.

耿华珠.1995.中国苜蓿[M].北京：中国农业出版社.

顾锡慧，杨翔华，马学良，等.2004.青贮添加剂研究进展[J].辽宁石油化工大学学报，24（3）：28-31.

韩吉雨.2009.青贮发酵体系中乳酸菌多样性的研究[D].呼和浩特：内蒙古农业大学.

洪绂曾.2009.苜蓿科学[M].北京：中国农业出版社.

侯福强，李国靖.2004.北京地区紫花苜蓿最佳播种量试验[J].草业科学，21（8）：46-48.

侯向阳，时建忠.2003.中国西部牧草[M].北京：化学工业出版社.

蒋慧.2017.骆驼刺与苜蓿混合青贮饲用价值综合评价[D].北京：中国农业大学.

李高.2016.三种过瘤胃胆碱的过瘤胃保护效果评定[D].哈尔滨：东北农业大学.

李琳. 2018. 动物饲料中霉菌毒素的影响及净化方法[J]. 养殖与饲料，9：67-68.

李向林，何峰. 2013. 苜蓿营养与施肥[M]. 北京：中国农业出版社.

李向林，万里强. 2004. 苜蓿秋眠性及其与抗寒性和产量的关系[J]. 草业学报，13（3）：57-61.

李向林，万里强. 2005. 苜蓿青贮技术研究进展[J]. 草业学报，14（2）：9-15.

李新一，王加亭，等. 2017. 中国草业统计[M]. 北京：中国农业出版社.

李新媛，俞联平，高占琪，等. 2015. 豆科牧草与禾本科牧草混合青贮饲喂肉羊试验研究[J]. 中国草食动物科学，35（3）：33-36.

李元迎. 2016. 绿汁发酵液在饲草青贮中的应用研究[J]. 四川畜牧兽医，43（5）：26，27+29.

李志强. 苜蓿青贮部分替代玉米青贮对泌乳奶牛生产性能的影响[A]. 中国畜牧业协会. 第六届（2015）中国苜蓿发展大会暨国际苜蓿会议论文汇编[C]. 中国畜牧业协会：中国畜牧业协会，2015：6.

刘辉. 2015. 优质紫花苜蓿青贮调制技术及其品质评定研究[D]. 兰州：甘肃农业大学.

刘婷，王腾飞，罗宽，等. 2016. 苜蓿青贮添加剂研究进展[J]. 饲料研究，4（19）：12-22.

刘文兰，师尚礼，田福平. 2017. 种植密度对紫花苜蓿生物量与不同叶位光合特性的影响[J]. 草原与草坪，37（4）：14-19.

马先锋，周泉佚，曹志东，等. 2016. 行距对不同品种紫花苜蓿生长和产量的影响[J]. 畜牧兽医杂志，35（4）：11-14.

史卉玲，席琳乔，王连群，等. 2013. 不同苜蓿青贮比例对泌乳奶牛生产性能及血液生化指标的影响[J]. 西北农业学报，22（12）：181-186.

宋伟红，苗树君，曲永利，等. 2008. 不同方法调制的苜蓿主要营养成分奶牛瘤胃有效降解率[J]. 中国牛业科学（4）：48-51.

宋伟红，杨旭东，甘文平. 2017. 半干苜蓿青贮在奶牛生产上的应用[J]. 现代化农业（12）：55-56.

孙仕仙，毛华明，毕玉芬. 2009. 苜蓿栽培试验研究[J]. 现代农业科技，11：210-211.

田瑞霞，安渊，王光文，等. 2005. 紫花苜蓿青贮过程中 pH值和营养物质变化规律[J]. 草业学报，14（3）：82-86.

万里强，李向林，何峰，等. 2007. 苜蓿含水量与添加剂组分浓度对青贮效果的影响研究[J]. 草业学报，16（2）：40-45.

王丽学，何峰，韩静，等. 2018. 不同肥料和青贮添加剂对苜蓿青贮的影响[J]. 农学学报，8（5）：48-54.

王林. 2011. 苜蓿青贮饲料质量调控技术研究[D]. 北京：中国农业科学院.

王腾飞，潘培颖，陈文雪，等. 2018. 青贮苜蓿及不同添加水平的苜蓿草粉对初产母猪繁殖性能、初乳成分及其仔猪生长性能的影响[J]. 江西农业学报，30（6）：98-103.

王彦华，王成章，李德锋，等. 2017. 播种量和品种对紫花苜蓿植株动态变化、产量及品质的影响[J]. 草业学报，26（2）：123-135.

王莹，玉柱. 2010. 不同添加剂对紫花苜蓿青贮发酵品质的影响[J]. 中国草地学报，32（5）：80-84.

魏永鹏，南丽丽，于闯，等. 2017. 种植密度和行距配置对紫花苜蓿群体产量及品质的影响[J]. 草业科学，34（9）：1 898-1 905.

徐斌，杨秀春，白可喻，等.2007.中国苜蓿综合气候区划研究[J].草地学报，15（40）：316-321.

许庆方.2005.影响苜蓿青贮品质的主要因素及苜蓿青贮在奶牛日粮中应用效果的研究[D].北京：中
国农业大学.

闫亚飞，柳茜，高润，等.2016.不同苜蓿品种秋眠级评定及产量性状的初步分析[J].中国草地学
报，38（5）：1-7.

杨波.苜蓿包膜青贮加工调制技术规范[A].中国畜牧业协会.第十届（2015）中国牛业发展大会论文
汇编[C].中国畜牧业协会：中国畜牧业协会，2015：2.

杨青川，等.2003.苜蓿生产与管理指南[M].北京：中国林业出版社.

杨青川，康俊梅，张铁军，等.2016.苜蓿种质资源的分布、育种与利用[J].科学通报，61（2）：
261-270.

玉柱，贾玉山，等.2010.牧草饲料加工与贮藏[M].北京：中国农业大学出版社.

负旭疆，等.2013.苜蓿草产品生产技术手册[M].北京：中国农业出版社.

张大伟，陈林海，朱海霞.2007.青贮饲料中主要微生物对青贮品质的影响[J].饲料研究，2（23）：
65-68.

张慧杰.2011.饲草青贮微生物菌群动态变化与乳酸菌的鉴定筛选[D].呼和浩特：中国农业科学院.

张金霞，刘雨田，梁万鹏.2015.苜蓿含水量随田间晾晒时间的变化规律研究[J].现代农业科技，7：
284-285.

张凌青，何立荣，陈亮，等.2012.宁夏固原地区苜蓿青贮对肉牛育肥效果的研究[J].中国畜牧杂
志，8（16）：56-59.

中华人民共和国国家质量监督检疫总局，中国国家标准化管理委员会.GB 6141—2008豆科草种子质
量分级[S].北京：中国标准出版社.

周泉佚，马先锋.2018.裹包青贮苜蓿饲喂小尾寒羊育肥效果试验研究[J].当代畜牧（3）：18-21.

Bhandari S K，Ominski K H，Wittenberg K M. 2007. Effects of Chop Length of Alfalfa and Corn
Silage on Milk Production and Rumen Fermentation of Dairy Cows[J]. Journal of Dairy Science，
90（5）：23-29.

Cadornig C P，Satter L D. 1993. Protein versus energy supplememation of high alfalfa silage diets
for early lactation cows[J]. Journal of Dairy Science，76：1 976

Cham berlain D C，Robertsons S. 1992. The effects of the addition of various enzyme mixtures on
the fermentation of perennial rye-grass silage and on its nutritional value for milk production in
dairy cows[J]. Animal Feed Science Technology. ，37：257-264.

Charmley E，Veira D M. The effect of heat-treatment and gamma radiation on the composition of
unwilted and wilted lucerne silages[J]. Grass and Forage Science. 1991，46：381-390.

Dhiman T R，Satter L D. 1997. Yield response of dairy cows fed different proportions of alfalfa
silage and corn silage[J]. Journal of Dairy Science，80（9）：2 069-2 082.

Eikmeyer F G，Kofinger P，Poschenel A，et al. 2013. Metagenome analyses reveal the influence of the inoculants Lactobacillus buchneri CD034 on the microbial community involved in grass silaging[J]. Journal of Biotechnology. , 167: 334-343.

Elfatih M A, Awad O A. 2012. Effect of seeding rate on growth and yield of two alfalfa (Medicago sativa L.) cultivars[J]. World Association for Sustainable Development, 2: 141-154.

Kung L, Shaver R D, Grant R J, et al. 2018. Silage review: Interpretation of chemical, microbial, and organoleptic components of silages 1[J]. Journal of Dairy Science, 101: 4 020-4 033.

Li Y, Nishino N. 2010. Monitoring the bacterial community of maize silage stored in a bunker silo inoculated with Enterococcus faecium, Lactobacillus plantarum and Lactobacillus buchneri[J]. Journal of Applied Microbiology, 110: 1 561-1 570.

Lin C, Bolsen K K, Brent B E, et al. 1992. Epiphytic lactic acid bacteria succession during the pre-ensiling and ensiling periods of alfalfa and maize[J]. Journal of Applied Bacteriology, 73: 375-387.

Mader T L, Dahlquist J M. Schmidt L D. 1991. Roughage sources in beef cattle finishing diets[J]. Journal of Dairy Science, 69 (2): 462-471.

Makoni N F, Broderick G A, Muck R E. 1997. Effect of modified atmospheres on proteolysis and fermentation of ensiled alfalfa[J]. Journal of Dairy Science, 80: 912-920.

May L A, Smiley B, Schmidt M G. 2001. Comparative denaturing gradient gel electrophoresis analysis of fungal communities associate with whole plant corn silage [J]. Canadian Journal of Microbiology, 47: 829-841.

Mc Donald P A, hendersonand D R. Herson J E. The Biochemistry of Silageed [M]. Bucks: Chalcombe publication, 1991.

Messman M A, Weiss W P, Koch M E. Changes in total and individual proteins during drying, ensiling, and ruminal fermentation of forages[J]. J Dairy Sci. 1994, 77 (2): 492-500.

Muck R E. 2013. Recent advances in silage microbiology [J]. Agricultural and Food Science, 22: 3-15.

Oude Elferink S J, Driehuis F, Gottschal J C, et al. 1999. Anaerobic degradation of lactic acid to acid and 1, 2-propanediol, a novel fermentation pathway in Lactobacillus buchneri, helps to improve the aerobic stability of maize silage: Silage Conf[C]. Swedish Univ. of Agric. Sci, Uppsala, Sweden.

Pfeiffer G. 1956. Die physiologie der siliermittel[J]. Futterkonservierung, 5: 224-235.

Saïd Ennahar, Yimin Cai, Fujita Y. 2003. Phylogenetic Diversity of Lactic Acid Bacteria Associated with Paddy Rice Silage as Determined by 16S Ribosomal DNA Analysis[J]. Applied and Environmental Microbiology, 69 (1): 444-451.

Stokes M R, Chen J. 1994. Effect of an enzyme inoculation mixture on the course of fermentation of COFB silage[J]. Journal of Dairy Science, 77 (11): 3 401-3 409.

Suttie J M. 2000. Hay and straw conservation for small-scale farming and pastoral conditions[J]. FAO plant production and protection. Rome, 29: 89-95.

Teuber L R, Taggard K L, Gibbs L K, et al. 1998. Check cultivars locations and management of fall dormancy evaluation. North American Alfalfa Improvement Conference Committee[C]. Beltsville. MD: North American Alfalfa Improvement Conference Committee.

Vagnoni D B, Broderick G A. 1997. Effects of supplementation of energy on ruminant undegraded protein to lactating cows fed alfalfa hay or silage[J]. Jurnal of Dairy Science, 80: 1 703-1 712.

Yahaya M S, Kimura A, Harai J, et al. 2001. Evalution of structural carbohydrates losses and digestibility in alfalfa and orchardgrass during ensiling[J]. Journal of Animal Science, 14（12）: 1 701-1 704.

Zahar M, Benkerroum N, Guerouali A, et al. 2002. Effect of temperature, anaerobiosis, stirring and salt addition on natural fermentation silage of sardine and sardine wastes in sugarcane molasses[J]. Bioresource Technology, 82: 171-176.

Zhang J, Guo G, Chen L, et al. 2015. Effect of applying lactic acid bacteria and propionic acid on fermentation quality and aerobic stability of oats - common vetch mixed silage on the Tibetan plateau[J]. Animal Science Journal, 86（6）: 595-602.